高等职业教育机电技术类优质教材



# 数控机床电气控制

主 编 邹伟全 张晓东

西南交通大学出版社
·成 都·

图书在版编目（CIP）数据

数控机床电气控制/ 邹伟全，张晓东主编. —成都：西南交通大学出版社，2020.4
高等职业教育机电技术类优质教材
ISBN 978-7-5643-7407-5

Ⅰ. ①数… Ⅱ. ①邹… ②张… Ⅲ. ①数控机床－电气控制－高等职业教育－教材 Ⅳ. ①TG659

中国版本图书馆 CIP 数据核字（2020）第 062694 号

高等职业教育机电技术类优质教材
Shukong Jichuang Dianqi Kongzhi
**数控机床电气控制**

主编　邹伟全　张晓东

责任编辑　张文越
封面设计　何东琳设计工作室

出版发行　西南交通大学出版社
（四川省成都市金牛区二环路北一段 111 号
西南交通大学创新大厦 21 楼）
邮政编码　610031
发行部电话　028-87600564　028-87600533
网址　http://www.xnjdcbs.com
印刷　四川森林印务有限责任公司

成品尺寸　185 mm × 260 mm
印张　9.5
字数　241 千
版次　2020 年 4 月第 1 版
印次　2020 年 4 月第 1 次
定价　34.00 元
书号　ISBN 978-7-5643-7407-5

课件咨询电话：028-81435775

# 前　言

本书以数控机床为载体，按照数控机床的模块组成和功能要点组织编排素材介绍这一典型的机电一体化设备，针对高职高专机电一体化技术、数控技术、机械制造与自动化等专业核心能力的培养而编写。

作为高精的工业母机，数控机床在控制功能、精准度、编程和操控的便利性等方面随着微电子、计算机、控制算法、信号处理、通信等技术的不断发展和用户需求的不断提高而获得了长足的发展。数控机床上所采用的信息交互、数据处理、速度控制和位置控制、网络应用等技术已经渗透到工业自动化、智能化方面乃至工业控制的各个角落，而其随着工业 4.0 和“中国制造 2025”计划的实施，必将发挥着越来越重要的作用。学习和掌握这些技术，对于机电类高职学生来说将为后续走上相应领域工作岗位提供必要的技术技能积累，甚或对我国工业自动化水平和生产效率的提升，乃至从制造大国到制造强国的飞跃都具有重要的现实意义。

本书遵循简明实用、深入浅出的原则编写，不讲深奥的理论，只讲基本原理和使用方法、技术实例，非常适合理实一体化的教学模式。章节后面附习题，方便学生巩固知识点以及教师检查教学效果。

全书共分七章，分别介绍：数控机床的特点和结构、编程应用；数控机床电气技术基础，着眼于培养电气图识读、电气结构规划能力；接口技术，介绍数控机床的接口形式及技术应用；数控机床主轴系统、进给系统、PMC 系统以及常见的电气故障排查与维修，较为系统地阐述数控机床各个部分的功能及其技术实现。各部分均以具体的电气原理图、互连图实例进行讲解，通俗易懂，初学者可快速入门。

本书由广州铁路职业技术学院邹伟全、张晓东主编，其中第一、二、七章由张晓东主笔，其余各章由邹伟全主笔，亓晓彬、万学春等老师参与编写。另外，本书在成书及后续修改和出版过程中得到了学院领导陈敏教授、李助军副教授等人的大力支持，在此一并表示衷心的感谢！

由于编者水平有限，书中难免存在疏漏和不足之处，恳请广大读者批评指正。

编　者

2020 年 1 月

# 目　　录


**第 1 章　数控机床概述及数控编程简介** ······ 1

1.1　数控机床的发展、组成及工作原理 ······ 1

1.1.1　基本概念 ······ 1

1.1.2　机床与数控机床的产生与发展 ······ 2

1.1.3　数控机床的结构及工作过程 ······ 4

1.2　数控机床的分类及特点 ······ 7

1.2.1　数控机床的分类 ······ 7

1.2.2　数控机床的特点和应用范围 ······ 10

1.2.3　数控机床的主要性能指标 ······ 11

1.3　数控机床机械部件 ······ 13

1.3.1　数控车床本体结构组成 ······ 13

1.3.2　数控铣床本体结构组成 ······ 14

1.3.3　加工中心本体结构组成 ······ 14

1.4　数控编程简介 ······ 16

1.4.1　数控编程概述 ······ 16

1.4.2　数控加工程序的结构和格式 ······ 17

1.4.3　数控机床坐标系统 ······ 19

习题与思考 ······ 21

**第 2 章　机床电气控制基础** ······ 22

2.1　电气控制电路图的绘制 ······ 22

2.1.1　电气控制系统图中常用的图形符号和文字符号 ······ 22

2.1.2　电气原理图 ······ 27

2.1.3　电器布置图 ······ 29

2.1.4　电气安装接线图 ······ 29

2.2　机床电气基本控制电路 ······ 31

2.2.1　三相异步电动机的直接启动控制 ······ 31

2.2.2　三相异步电动机的降压启动控制 ······ 34

2.2.3　三相异步电动机的制动控制 ······ 37

2.2.4　电气控制的其他典型控制环节 ······ 40

2.2.5　电气控制的保护环节 ······ 44

2.3　典型机床控制电路分析 ······ 45

2.3.1　电气控制电路分析的内容与方法 ······ 45

2.3.2 普通卧式车床的电气控制电路分析 …… 47
2.3.3 K52K 型立式铣床的电气控制电路分析 …… 50
习题与思考 …… 55

**第 3 章 数控系统及接口技术应用 …… 57**

3.1 数控系统简介 …… 57
3.2 华中数控接口技术及其应用 …… 60
3.2.1 华中数控系统及其接口 …… 60
3.2.2 华中数控世纪星系列数控系统接口引脚 …… 61
3.3 数控系统与机床部件的连接 …… 65
习题与思考 …… 72

**第 4 章 数控机床主轴系统装调与维修 …… 74**

4.1 主轴系统概述 …… 74
4.2 主轴系统的连接 …… 77
4.2.1 变频主轴系统 …… 77
技能实训 1：变频主轴系统连接与调试 …… 78
4.3 变频主轴系统调试实验 …… 81
4.3.1 掌握变频器的连接及模拟控制主轴的方式 …… 81
4.3.2 掌握变频器的调试方法 …… 82
4.3.3 变频主轴的故障设置及排除 …… 83
相关知识点 …… 83
技能实训 2：伺服主轴系统的连接与调试 …… 86
习题与思考 …… 86

**第 5 章 数控机床进给伺服系统装调与维修 …… 87**

5.1 数控机床伺服系统概述 …… 87
5.1.1 伺服进给系统的作用及其驱动方式 …… 87
5.1.2 伺服系统的组成 …… 88
5.1.3 数控机床对伺服系统的基本要求 …… 89
5.1.4 伺服系统的分类 …… 90
5.2 伺服进给系统的连接 …… 91
5.3 位置检测装置 …… 93
5.3.1 位置检测装置概述 …… 93
5.3.2 旋转编码器 …… 94
5.3.3 光栅尺 …… 98
习题与思考 …… 99

**第 6 章 数控机床的 PMC 系统装配与调试 …… 100**

6.1 可编程控制器概述 …… 100
6.1.1 概　述 …… 100

6.1.2 可编程控制器特点 …… 100
6.1.3 可编程控制器的分类 …… 101
6.1.4 可编程控制器的编程语言 …… 102
6.1.5 数控机床的控制对象 …… 103
6.2 华中数控系统 PLC 的原理及应用 …… 105
6.2.1 华中数控内装型 PLC 的内部结构及运行原理 …… 105
6.2.2 华中数控 PLC 的接口定义示例 …… 107

**第 7 章 数控机床电气系统故障诊断** …… 114
7.1 数控机床电气控制系统的连接与通电 …… 114
7.1.1 数控机床电气控制系统的连接 …… 114
7.1.2 数控机床整机调试的通电试车 …… 115
7.1.3 数控机床电气控制系统的日常维护 …… 118
7.2 数控机床常见电气故障分析与排除 …… 118
7.2.1 数控机床常见电气故障分析 …… 119
7.2.2 数控机床常见电气故障的排除方法 …… 120
7.3 数控机床常见故障检测与处理 …… 121
7.3.1 数控机床控制系统不能正常启动 …… 121
7.3.2 数控机床不能急停和复位 …… 123
7.3.3 伺服电动机不能正常运转 …… 123
7.3.4 变频或伺服主轴运转不正常 …… 128
7.3.5 输入输出开关量工作不正常 …… 129
习题与思考 …… 130

**参考文献** …… 131

**附录 某型号数控车床实训台电气原理图** …… 132

# 第 1 章 数控机床概述及数控编程简介

## 1.1 数控机床的发展、组成及工作原理

### 1.1.1 基本概念

**1. 数控技术**

数控技术，即数字控制技术，是用数字指令对一台或多台机械设备动作进行自动控制的技术，简称数控（Numerical Control，NC）。

**2. 数控系统**

数控系统是计算机数字控制装置、可编程序控制器、进给驱动与主轴驱动装置等相关设备的总称。随着科学技术的发展，数控系统也采用专用或通用计算机及控制软件与相关的电气元部件一起来实现数控功能，称为计算机数控（CNC）系统。

**3. 机床与数控机床**

机床（Machine Tool）是用以制造机器的机器，亦称工作母机或工具机，习惯上简称机床。现代机械制造中凡属精度要求较高和表面粗糙度要求较细的零件，一般都需在机床上用切削的方法进行最终加工。

采用了数控技术进行控制的机床，称为数控机床（Numerical Control Machine Tools）。数控机床在计算机控制系统的控制下按照一定的加工指令控制主轴系统、进给系统、刀具系统和冷却系统等辅助设备工作。

**4. 数控编程**

数控编程（NC Programming）就是生成用数控机床进行零件加工的数控程序的过程。

数控机床是数控加工的硬件基础，其性能对加工效率、精度等方面具有决定性的影响。零件加工程序的编制（数控编程）是实现数控加工的重要环节，特别是对于复杂零件的加工，其编程工作的重要性甚至超过数控机床本身。数控编程技术涉及制造工艺、计算机技术、计算机几何、微分几何、人工智能等众多领域，它的目标是更有效地获得满足各种零件加工要求的高质量数控加工程序，以便充分地发挥数控机床的性能，获得更高的加工效率与加工质量。

### 1.1.2 机床与数控机床的产生与发展

#### 1. 机床的产生

15 世纪，由于制造钟表和武器的需要，出现了钟表匠用的螺纹车床和齿轮加工机床，以及水力驱动的炮筒镗床。1501 年前后，意大利人列奥纳多·达芬奇曾绘制过车床、镗床、螺纹加工机床和内圆磨床的构想草图，其中已有曲柄、飞轮、顶尖和轴承等。中国明朝时期，宋应星编著的《天工开物》中也载有磨床的结构，其用脚踏的方法使铁盘旋转，加上沙子和水来剖切玉石。

18 世纪的工业革命推动了机床的发展。1774 年，英国人约翰·威尔金森发明了较精密的炮筒镗床。次年，他用这台炮筒镗床镗出的汽缸，满足了瓦特蒸汽机的要求。为了镗制更大的汽缸，他又于 1775 年制造了一台水轮驱动的汽缸镗床，进一步促进了蒸汽机的发展。从此，机床开始用蒸汽机通过曲轴驱动。

1797 年，英国人莫兹利创制成的车床由丝杠传动刀架，能实现机动进给和车削螺纹，这是机床结构的一次重大变革。莫兹利也因此被称为“车床之父”和“英国机床工业之父”。

19 世纪，由于纺织、动力、交通运输机械和军火生产的推动，各种类型的机床相继出现。1817 年，英国人罗伯茨创制龙门刨床；1818 年，美国人惠特尼（全名伊莱·惠特尼）制成卧式铣床；1876 年，美国制成万能外圆磨床；1835 和 1897 年又先后发明滚齿机和插齿机。

工业技术发展的中心，从 19 世纪起就逐渐从英国移向美国。在把英国的技术声望夺过去的人中，惠特尼堪称佼佼者。惠特尼聪颖过人，具有远见卓识，他率先研究出了作为大规模生产的可更换部件的系统。至今还很活跃的惠特尼工程公司，早在 19 世纪 40 年代就研制成功了一种转塔式六角车床。这种车床是为了满足工件制作的复杂化和精细化而问世的，在这种车床中，装有一个绞盘，各种需要的刀具都安装在绞盘上，这样，通过旋转固定工具的转塔，就可以把工具转到所需的位置上。

随着电动机的问世，机床先开始采用电动机集中驱动，后又广泛使用单独电动机驱动。

20 世纪初，为了加工精度更高的工件、夹具和螺纹加工工具，相继创制出坐标镗床和螺纹磨床。同时为了适应汽车和轴承等工业大量生产的需要，又研制出各种自动机床、仿形机床、组合机床和自动生产线。

19 世纪末到 20 世纪初，机床的发展进入精密化时期。单一的车床已逐渐演化出了铣床、刨床、磨床、钻床等，这些主要机床已经基本定型，这样就为 20 世纪前期的精密机床和生产机械化与半自动化创造了条件。

在 20 世纪的前 20 年，工业制造主要是围绕铣床、磨床和流水装配线展开的。由于汽车、飞机及其发动机生产的要求，在大批加工形状复杂、高精度及高光洁度的零件时，迫切需要精密的、自动的铣床和磨床。多螺旋线刀刃铣刀的问世，基本解决了单刃铣刀所产生的振动和光洁度不高的问题，使铣床成为加工复杂零件的重要设备。

被世人誉为“汽车大王”的福特提出，汽车应该是“轻巧的、结实的、可靠的和便宜的”。为了实现这一目标，必须研制高效率的磨床。为此，美国人诺顿于 1900 年用金刚砂和刚玉石制成直径大而宽的砂轮，以及刚度大而牢固的重型磨床。磨床的发展，使机械制造技术进入了精密化的新阶段。

在 1920 年以后的 30 年中，机械制造技术进入了半自动化时期，液压和电气元件在机床和其他机械上逐渐得到了应用。1938 年，液压系统和电磁控制不但促进了新型铣床的发明，而且也广泛应用于龙门刨床等机床。20 世纪 30 年代以后，行程开关—电磁阀系统几乎用到各种机床的自动控制上了。

### 2. 数控机床的产生

数控机床最早产生于美国，从 1952 年世界上第一台数控三坐标镗铣床问世后，数控系统先后经历了两个阶段共六代的发展。

1948 年，美国帕森斯公司接受美国空军委托，研制飞机螺旋桨叶片轮廓样板的加工设备，由于样板形状复杂多样，精度要求高，一般加工设备难以适应，于是利用计算机控制机床的设想被提出。1949 年，该公司在美国麻省理工学院（MIT）伺服机构研究室的协助下，开始数控机床研究，并于 1952 年试制成功第一台由大型立式仿形铣床改装而成的三坐标数控铣床，不久即开始正式生产，于 1957 年正式投入使用，这是制造技术发展过程中的一个重大突破，标志着制造领域数控加工时代的开始。数控加工是现代制造技术的基础，这一发明对于制造行业具有划时代的意义和深远的影响。世界上主要工业发达国家都十分重视数控加工技术的研究和发展，当时的数控装置也就是第一代数控系统采用电子管元件，体积大、可靠性低、价格高、产量低，主要用于军工部门和航空工业等少数有特殊需要的部门用来加工复杂形状零件，应用并不广泛。1959 年，晶体管元件和印刷电路板的问世，使数控装置进入了第二代，其可靠性有所提高，体积大为减小，成本有所下降；1960 年以后，较为简单和经济的点位控制数控钻床和直线控制数控铣床得到较快发展，使数控机床在机械制造业各领域逐步获得推广。第三代是 1965 年商品化的集成电路数控系统，它大大缩小了数控装置的体积，其可靠性得到实质性的提高，从而为一般用户所接受，数控机床的产量和品种均得到较大的发展。以上三代数控系统实质上是一种专用的计算机系统，主要靠硬件来实现各种控制功能，为第一阶段，称作数字控制系统，简称数控系统。1968 年，小型计算机在数控系统中得到应用，称为第四代数控系统。1974 年，微处理器在数控系统中得到应用，称为第五代数控系统。1990 年，基于 PC（个人计算机）控制的开放型数控系统成为第六代数控系统。后三代数控系统为第二阶段，称作计算机数控系统，也称 CNC 系统。

数控系统近七十年来经历了两个阶段六代的发展，只是发展到了第五代以后，才从根本上解决了可靠性低、价格极为昂贵、应用很不方便等极为关键的问题。因此，即使在工业发达的国家，数控系统大规模地得到应用和普及，也是在 20 世纪七十年代末八十年代初以后，即数控技术经过了近三十年的发展才走向普及应用的。

### 3. 我国数控机床的发展概况

我国数控机床的研制始于 1958 年，发展过程大致分为三个阶段。

第一阶段为 1958—1979 年，在这一阶段中国内对数控机床的特点、发展条件没有足够的了解，发展基础不牢靠、配套件质量不稳定，导致很多产品最终无法用于生产。

第二阶段为 1980—1994 年，国内成功推出了一系列数控机床品种。但由于较西方国家起步晚，该时期所推出的数控机床技术还不够成熟。

第三阶段（1995—），国内数控机床主机厂得到了快速发展，生产水平也有明显提高，国家数控机床产业进入了快速发展的新时期。我国的数控机床在技术水平、质量、品种等方面有了新的发展，一些较高层次的数控机床，如五轴联动数控机床，也已经投放市场应用，如广数、华中数控等国产厂商均拥有了五轴联动 NC 系统，大连科德更是异军突起，将五轴加工中心出口到了德国和日本。现在，我国机床经历了几十年的发展之后，在中低端机床已经有了自己的机床产业体系，在高端机床方面也有了质的进步。

目前，我国已成为数控机床的最大生产国及消费国。2013—2017 年我国国产数控机床的年平均产量为 24.16 万台，其中出口平均为 2.31 万台/年，金额为 6.12 亿美元/年；2013—2017 年我国的进口数控机床平均为 1.17 万台/年，金额为 26.15 亿美元/年。我国进口数控机床的单价平均为 22.4 万美元/台，出口的数控机床的单价平均为 2.9 万美元/台，显然处于进口高档数控机床、出口中低档数控机床的阶段，也说明我国数控机床行业在高档与大型数控机床制造方面与国外的差距明显。目前国内常用的数控系统有 FANUC、SIEMENS、FAGOR、广州数控、华中数控和航天数控系统等。我国约 70%的中高档数控系统被外资品牌占据，所以我们应当看清形势，充分认识国产数控机床的不足，借鉴其他国家数控机床的优点，努力发展技术，加大创新与培训力度，来缩短与发达国家之间的距离。

#### 4. 数控技术的发展趋势

随着时代的进步，高新技术发展应用范围不断扩大，因而数控技术发展趋势主要体现为以下几方面：

（1）加工技术发展呈现高速化与高精度化。数控技术发展过程中，高速与高精度是重要发展方向，在一定程度上，高速化使得机械加工生产效率得到提升，而高精度则能够提升产品制造质量，减小生产周期，为企业节省生产成本，增强企业综合市场竞争能力。

（2）柔性化发展。其主要指数控系统自身具有一定的柔性特点。目前，数控系统朝向模块化设计方向发展，系统升级更加便捷，且功能覆盖范围日益扩大，不同用户需求得到满足；同时，群控系统柔性化特点突出，可依照实际生产情境，同一群控系统实现自动调整，确保系统应用效能得到了充分发挥。

（3）开放化发展。传统数控系统兼容性不好，不同数控技术差异明显，各种系统相互独立。随着现代科技水平的提高，数控技术标准呈现统一化趋势，开放化数控系统平台对传统数控系统不足进行弥补，数控系统朝向标准化方向发展，引导用户自由选用不同厂家生产的数控产品。

（4）多轴化发展。随着时代的进步，机械加工自动化水平日益提升，数控系统呈现一机多能发展趋势。采用多轴联动技术，进行自动换刀、旋转工作台与主轴等工序的发展目标得以实现，数控自动化发展水平与生产加工效率得到明显提升，产品加工光洁度更高，有效提高了产品加工质量。

（5）智能化发展。信息技术发展水平的提升，促使数控技术朝着自动、智能、模糊与神经网络控制等方向发展，网络数控技术推动机械加工实现智能化大规模生产，将成为数控技术发展的新方向。

### 1.1.3 数控机床的结构及工作过程

#### 1. 数控机床的组成

如图 1-1 所示，数控机床主要由输入输出装置、计算机数控（CNC）系统、伺服系统和机床本体等四部分组成。

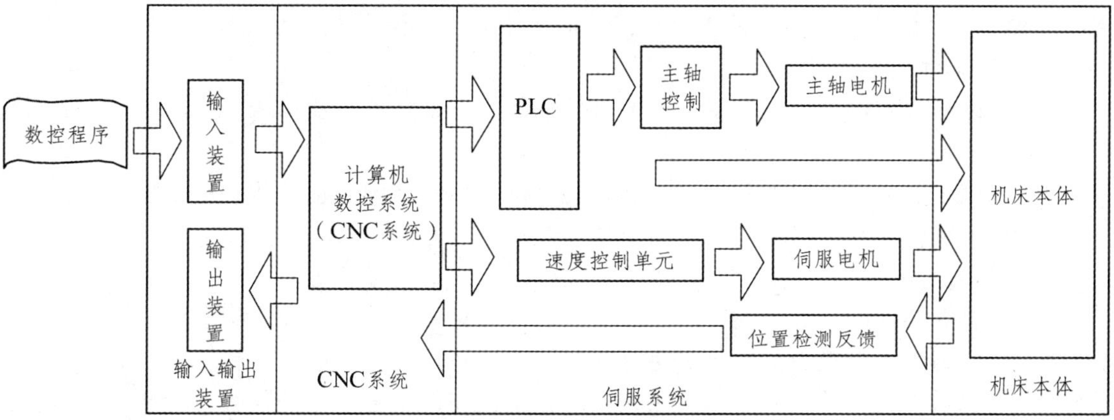


图 1-1　数控机床的基本结构框图

1）输入输出装置

输入输出设备主要用于实现编制程序、输入程序、输入数据以及显示、存储和打印等功能。常用的输入输出设备有键盘、软盘、显示器等，高级的数控机床还配有一套自动编程机或 CAD/CAM 系统。

2）计算机数控系统

计算机数控系统是数控机床的“大脑”和“核心”。它的功能是根据输入的程序和数据，经数控系统中的系统软件或逻辑电路进行译码、运算和逻辑处理后，发出相应的各种信号和指令给伺服系统。数控系统通常由一台通用或专用计算机、输入输出接口以及辅助控制装置等部分组成。

辅助控制装置主要完成与逻辑运算有关的动作，包括完成程序中的 M、S、T 等辅助功能所规定的动作（如主轴电机的启停、冷却泵的开关等），对机床的状态进行监视（如检测是否超行程、电动机是否过热等）以及对操作面板的开关、按键和按钮的状态进行扫描。辅助控制装置的这些工作通常与机床的强电部分有关，控制对象是继电器、交流接触器、电磁阀等执行元件，控制的往往是开关量信号。

由于可编程序控制器（PLC）具有响应快、性能可靠、易于编程和修改等优点，并可直接驱动机床电器，目前已普遍用作辅助控制装置。CNC 和 PLC 协调配合，共同完成对数控机床的控制。用于数控机床的 PLC 一般分为两类：一类是 CNC 的生产厂家为实现数控机床的顺序控制，而将 CNC 和 PLC 综合起来设计，称为内装型（或集成型）PLC，它是 CNC 装置的一部分；另一类是以独立专业化的 PLC 生产厂家的产品来实现顺序控制功能，称为独立型（或外装型）PLC。

3）伺服系统

伺服系统是机床工作的动力装置，包括伺服单元和驱动装置两大部分。伺服系统接收来自数控系统的指令信息，并按照指令信息的要求带动机床的移动部件运动或使执行部分运动，以加工出符合要求的零件。指令信息是以脉冲信息体现的，每一脉冲使机床移动部件产生的位移量叫作脉冲当量。

伺服系统有开环、半闭环和闭环之分。在半闭环和闭环伺服系统中，还需配有位置检测装置，直接或间接测量执行部件的实际位移量，并将其转变成电信号反馈给 CNC 装置，供

CNC 装置与指令值比较产生误差信号，以控制机床向消除该误差的方向移动。

4）机床本体

机床本体是数控机床完成加工运动的机械部件，它是在原普通机床的基础上改进而得到的，具有以下特点：

（1）采用了高性能的主轴及伺服传动系统，机械传动结构简化，传动链较短。

（2）机械结构具有较高的刚度、阻尼精度及耐磨性，热变形小。

（3）更多地采用高效传动部件，如滚珠丝杠、直线滚动导轨等。

此外还有一些辅助装置，如冷却、润滑、转位和夹紧等。对于加工中心类数控机床，还有存放刀具的刀库、交换刀具的机械手等部件。

由于现代数控机床的数控系统都采用模块化结构，伺服系统中的伺服单元和驱动装置为数控系统中的一个子系统，输入、输出装置也为数控系统中的一个模块，所以，现在也可以认为数控机床主要由数控系统和机床本体组成。

## 2. 数控机床的工作过程

普通金属切削机床加工零件的过程，是操作者根据图纸要求，手动控制机床操作系统，不断改变刀具与工件相对运动参数（位置、速度等），使刀具从工件上切除多余材料，最终获得符合质量要求的合格的零件。

在数控机床上加工零件的过程如图 1-2 所示。

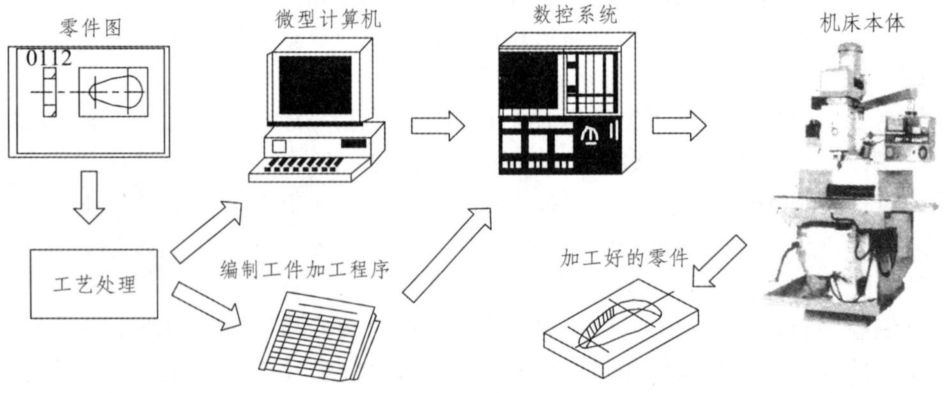


图 1-2　数控机床的工作过程

1）准备阶段

根据加工零件的图纸，确定有关加工数据（刀具轨迹坐标点、加工的切削用量、刀具尺寸信息等），根据工艺方案、夹具选用、刀具类型选择等确定其他有关的辅助信息。

2）编程阶段

根据加工工艺信息，用机床数控系统能识别的语言编写数控加工程序，并填写程序单。程序就是对加工工艺过程的描述。

3）准备信息载体

根据已编好的程序单，将程序存放在信息载体（如磁盘等）上，信息载体上存储着零件加工所需要的全部信息。目前，随着计算机网络技术的发展，可直接由计算机通过网络与机床数控系统通信。

4）加工阶段

当执行程序时，机床 NC 系统将进行程序译码、寄存和运算，向机床伺服机构发出运动指令，以驱动机床的各运动部件，自动完成对工件的加工。

## 1.2　数控机床的分类及特点

### 1.2.1　数控机床的分类

#### 1. 按工艺用途分类

（1）金属切削类数控机床。这类数控机床包括数控车床、数控铣床、数控镗床、数控磨床、数控钻床、数控切断机床以及加工中心等。据调查，在金属切削机床中，除插床外，国内外都开发了数控机床，而且品种越来越多。

（2）金属成型类数控机床。这类数控机床包括数控板料折弯机、数控直角剪板机、数控冲床、数控弯管机、数控压力机等。这类机床起步较晚，但目前发展很快。

（3）特种加工类数控机床。这类数控机床包括数控线（电极）切割机床、数控电火花切割机床、数控电火花成型机床、带有自动换电极的电加工中心、数控激光切割机床、数控激光板材成型机床、数控等离子切割机床、数控火焰切割机等。

（4）其他类型的数控机床。其他类型的数控机床包括数控三坐标测量机等。

#### 2. 按控制的运动轨迹分类

1）点位控制数控机床

这类数控机床只控制运动部件进行从一点移动到另一点的准确定位，即只保证行程终点的坐标值。而其对点到点之间的移动速度和运动轨迹没有严格要求，可以沿多个坐标同时移动，也可以沿各个坐标先后移动。在移动过程中，刀具也不进行切削加工，如图 1-3 所示。这类数控机床的代表有数控钻床、数控冲床、数控坐标镗床和数控测量机等。

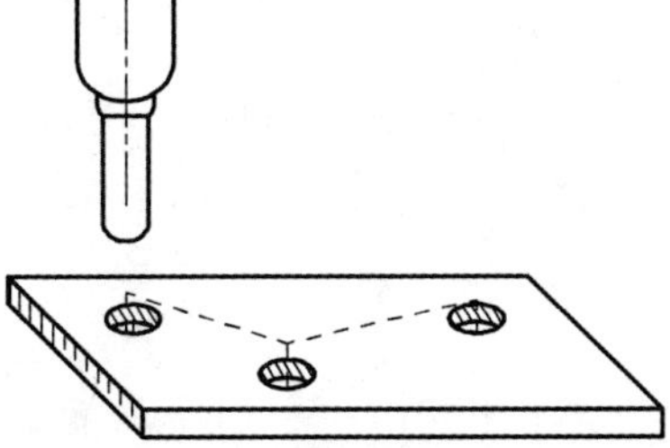

图 1-3　点位控制数控钻床加工示意图

2）直线控制数控机床

这类数控机床不仅要控制点到点的准确定位，而且要保证两点之间的移动轨迹是一条直线，且在运动过程中，刀具按规定的进给速度进行切削，如图 1-4 所示。这类机床的代表有简易数控车床、数控镗铣床和数控磨床等。

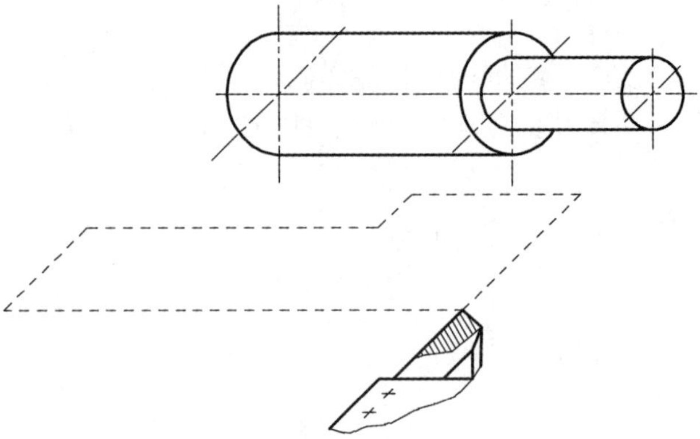

图 1-4 车削直线控制加工示意图

3）轮廓控制数控机床

这类机床又叫作连续控制或多坐标联动数控机床，其特点是能够对两个或两个以上的运动坐标轴的位移及速度进行连续相关的控制，使刀具和工件按规定的平面或空间轮廓轨迹进行相对运动，从而加工出合格的产品。这类机床的数控装置一般要求有直线和圆弧插补功能，并具有较高速度的数字运算和信息处理功能，以便加工出形状复杂的零件，如图 1-5 所示。目前，大多数数控机床，如数控车床、铣床、磨床、加工中心机床以及其他数控设备（如数控绘图机、测量机等）均具有轮廓控制功能。

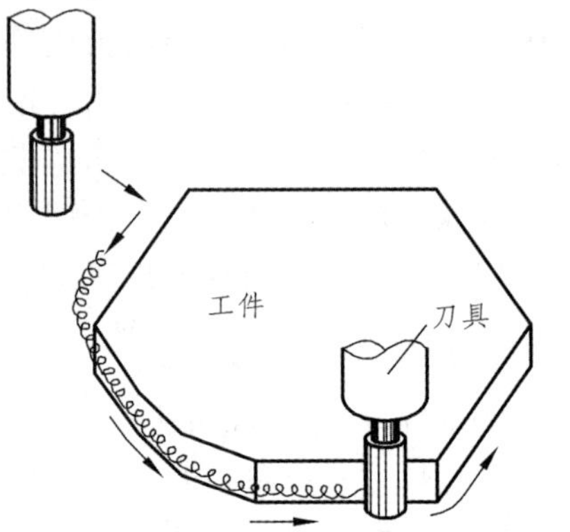


图 1-5 轮廓控制数控铣床加工示意图

### 3. 按驱动伺服系统类型分类

1）开环控制系统

开环控制系统没有位置检测元件，其驱动元件通常是功率步进电机或混合式步进电机，如图 1-6 所示。数控系统每发出一个指令脉冲，经驱动电路放大后，驱动电机旋转一个角度，再经传动机构带动工作台移动。这类机床控制的信息流是单向的，脉冲信号发出后，实际位移值不反馈回来，所以被称为开环控制，其精度主要取决于驱动元器件和步进电机的性能。

开环控制的优点是结构简单，调试和维修方便，成本较低；缺点是精度较低，进给速度也受步进电机工作频率的限制。开环控制系统一般适用于中、小型经济型数控机床，以及普通机床的数控化改造。

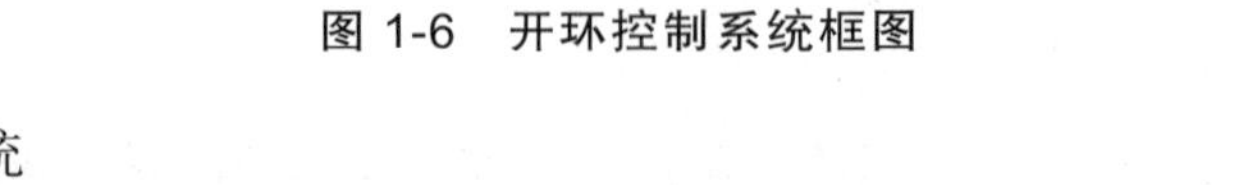


图 1-6 开环控制系统框图

2）闭环控制系统

这类系统带有直线位置检测装置，可直接对工作台的实际位移量进行检测，如图 1-7 所示。加工过程中，闭环控制系统将测量到的实际值反馈到数控装置中（即速度反馈信号送到速度控制电路，工作台实际位移量反馈到位置比较电路），与数控装置发出的指令值进行比较，用比较后的差值去控制工作台的运动，直到差值为零为止，即实现移动部件的最终精确定位。从理论上讲，闭环控制系统的控制精度主要取决于检测装置的精度，它可以消除包括工作台传动链在内的传动误差给工件加工带来的影响，因而定位精度高、调节速度快。但由于机床工作台惯量大，对系统的稳定性会带来不利影响，使调试、维修困难，且控制系统复杂成本高，故一般对要求很高的数控机床才采用这种控制方式，如数控精密镗铣床、超精车床等。在闭环进给系统中，早期多用电液伺服阀—液压电机与小惯量电机，20 世纪 70 年中期以后多用宽调速直流伺服电机。以后交流伺服电机的研究取得显著进展，交流伺服电机得到广泛应用，占据了绝对的优势。

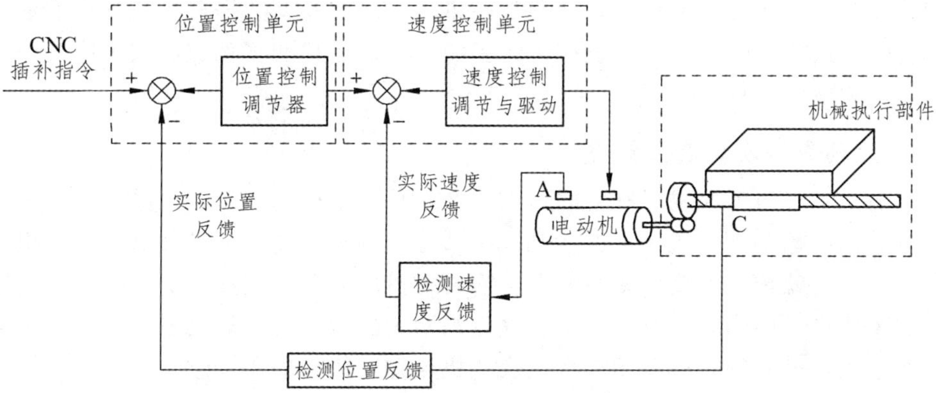


**图 1-7　闭环控制系统框图**

3）半闭环控制系统

这类系统与闭环控制系统的区别在于检测反馈信号不是来自安装在工作台上的直线位移测量元件，而是来自安装在电机轴或丝杆轴上的角位移测量元件，如图 1-8 所示。通过测量电机转角或丝杆转角推算出工作台的位移量，并将此值与指令值进行比较，用差值来进行控制。从图 1-8 中可以看出，由于工作台未包括在控制回路中，因而称半闭环控制。这种控制方式由于排除了惯量很大的机床工作台部分，使整个系统的稳定性得以保证。目前已普遍将角位移检测元件与伺服电机做成一个部件，使系统结构简单、调试和维护也方便。半闭环控制数控机床的性能介于开环和闭环控制数控机床之间，精度虽比闭环低，但调试和维护维修却比闭环方便得多，因而得到了广泛的应用。

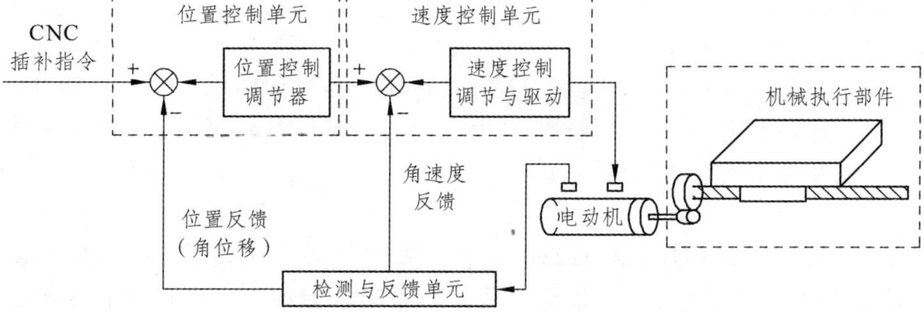


**图 1-8　半闭环控制系统框图**

#### 4. 按功能水平分类

按功能水平分类，可以把数控机床分为高、中、低档三类。该种分法没有一个确切的定义，但可以给人们一个清晰的概念。

（1）低档型数控机床。低档型数控机床又称为经济型数控机床或简易型数控机床。经济型数控机床的一般含义指的是用单板机或单片机进行控制，机械部分是在普通机床的基础上改进设计的机床。它结构简单，成本较低，但自动化程度和功能都比较差，仅能满足一般精度要求的加工，能加工形状较简单的零件。不同时期、不同国家对经济型数控的定义是不一样的。经济型数控是根据实际机床的使用要求，合理地简化系统功能、降低成本的产物。

（2）中档型数控机床。区别于经济型数控机床，功能较齐全、价格适中的数控机床被称为中档型数控机床，通常也被称为普及型数控机床、全功能型数控机床或标准型数控机床。

（3）高档型数控机床。高档型数控机床指加工复杂形状的多轴控制或工序集中、自动化程度高、高度柔性化的数控机床。

#### 5. 按可控轴数与联动轴数分类

控制轴用来实现与工件成形有关的运动，如某数控铣床的工作台作 $X$、$Y$ 向的直线运动和主轴箱沿 $Z$ 向的运动等。机床上的运动越多，控制轴数就越多，功能就越强，机床的复杂程度和技术含量也就越高。在许多情况下，需要对机床的多个运动同时、协调地进行控制，才能达到加工要求，即同时控制多个轴，这就是所谓的联动轴。联动轴数越多，机床控制和编程难度就越大。控制轴数和联动轴数是表达机床加工能力的重要参数。

按照控制轴数，数控机床可分为：两轴数控机床、三轴数控机床以及多轴数控机床。控制轴数有时也称为坐标数，因此也称为两坐标数控机床、三坐标数控机床以及多坐标数控机床。按照联动轴数，数控机床可分为：2 轴联动、2.5 轴联动、3 轴联动以及多轴联动等。2.5 轴联动是指三个主要控制轴（$X$、$Y$、$Z$ 轴）中，任意两个轴联动，另一个是点位或直线控制。一般数控机床的联动轴数少于控制轴数。

### 1.2.2 数控机床的特点和应用范围

#### 1. 数控机床的特点

从宏观上看，同工艺类型的数控机床加工与普通机床加工并没有本质的区别，但数控机床本身具有高精度、高速度、高性能、自动化、柔性化、智能化等一系列特征，因此必然在加工使用中表现出一些新的特点。

1）具有复杂形状加工的能力

复杂形状零件在飞机、汽车、造船、模具、动力设备和国防军工等制造部门具有重要地位，其加工质量直接影响整机产品的性能。数控加工运动的任意可控性使其能完成普通加工方法难以完成或者无法进行的复杂型面加工。

2）高质量

数控加工是用数字程序控制实现自动加工，排除了人为误差因素，且加工误差还可以由数控系统通过软件技术进行补偿校正。因此，采用数控加工可以提高零件加工精度和产品质量。

3）高效率

数控机床可有效地减少零件的加工时间和辅助时间，数控机床的主轴转速和进给量的范围大，允许机床进行大切削量的强力切削。数控机床目前正进入高速加工时代，数控机床移动部件的快速移动和定位及高速切削加工，减少了半成品的工序间周转时间，提高了生产效率。与采用普通机床加工相比，采用数控加工一般可提高生产率 2 ~ 3 倍，在加工复杂零件时生产率可提高十几倍甚至几十倍。特别是五面体加工中心和柔性制造单元等设备，零件一次装夹后能完成几乎所有表面的加工，不仅可消除多次装夹引起的定位误差，还可大大减少加工辅助操作，使加工效率进一步提高。

4）高柔性

只需改变零件程序即可适应不同品种的零件加工，且几乎不需要制造专用工装夹具，因而加工柔性好，有利于缩短产品的研制与生产周期，适应多品种、中小批量的现代生产需要。

5）改善劳动条件

数控机床加工前经调整好后，输入程序并启动，机床就能自动连续地进行加工，直至加工结束。操作者主要负责程序的输入、编辑，装卸零件，刀具准备，加工状态的观测，零件的检验，等工作，不需要进行繁重的重复手工操作，劳动强度和紧张程度大为改善，劳动条件也相应得到改善，机床操作者的劳动趋于智力型工作。另外，机床一般是封闭式加工，清洁又安全。

6）有利于生产管理现代化

数控机床的加工，可预先精确估计加工时间，所使用的刀具、夹具可进行规范化、现代化管理。数控机床使用数字信号与标准代码为控制信息，易于实现加工信息的标准化。数控加工技术的应用，使机械加工的大量前期准备工作与机械加工过程连为一体，使零件的计算机辅助设计（Computer Aided Design，CAD）、计算机辅助工艺规划（Computer Aided Process Design，CAPD）和计算机辅助制造（Computer Aided Manufacturing，CAM）的一体化成为现实，有利于实现现代化的生产管理。

#### 2. 数控机床的应用范围

数控机床是一种高度自动化的机床，有一般机床所不具备的许多优点，所以数控机床的应用范围在不断扩大，但数控机床是一种高度机电一体化产品，技术含量高，成本高，使用维修都有一定难度，若从最经济的方面出发，数控机床适用于加工：

（1）多品种小批量零件。

（2）形状复杂（如用数学方法定义的复杂曲线、曲面轮廓）、加工精度要求高的零件。

（3）需频繁发型的零件。

（4）价值高的零件。

（5）需最小生产周期的急需零件。

### 1.2.3　数控机床的主要性能指标

#### 1. 运动性能指标

数控机床的运动性能指标主要包括：

（1）主轴转速。数控机床的主轴一般均采用直流或交流调速主轴电动机驱动，选用高速精密轴承支承，保证主轴具有较宽的调速范围和足够高的回转精度、刚度及抗震性。目前，数控机床的主轴转速已普遍达到 5 000 ~ 10 000 r/min，甚至更高，这样对各种小孔加工以及提高零件加工质量和表面质量都极为有利。

（2）进给速度。数控机床的进给速度是影响零件加工质量、生产效率以及刀具寿命的主要因素。它受数控装置的运算速度、机床动特性及工艺系统刚度等因素的限制。目前高速数控机床的进给速度一般可达 15 ~ 30 m/min。

（3）坐标行程。数控机床坐标轴的行程大小，构成数控机床的空间加工范围，即加工零件的大小。坐标行程是直接体现机床加工能力的指标参数。

（4）摆角范围。具有摆角坐标的数控机床，其转角大小也直接影响到加工零件空间部位的能力。但转角太大又造成机床的刚度下降，因此给机床设计带来许多困难。

（5）刀库容量和换刀时间。刀库容量和换刀时间对数控机床的生产率有直接影响。刀库容量是指刀库能存放加工所需要的刀具数量，目前常见的中小型数控加工中心刀库容量多为 16 ~ 60 把刀具，大型数控加工中心的刀库容量达 100 把刀具。换刀时间指带有自动交换刀具系统的数控机床，将主轴上使用的刀具与装在刀库上的下一工序需要的刀具进行交换所需要的时间。有些先进的数控机床的换刀时间仅为 4 ~ 5 s。

### 2. 精度指标

（1）定位精度是指数控机床工作台等移动部件在确定的终点所达到的实际位置的精度，即实际位置与指令位置的一致程度，不一致量表现为误差，因此移动部件实际位置与指令位置之间的误差称为定位误差。被控制的机床坐标误差即定位误差，包括驱动此坐标的控制系统（伺服系统、检测系统、进给系统等）的误差在内，也包括移动部件导轨的几何误差等。定位误差将直接影响零件加工的位置精度。

（2）重复定位精度是指在同一条件下，用相同的方法，重复进行同一动作时，控制对象位置的一致程度。即在同一台数控机床上，应用相同程序相同代码加工一批零件，所得到的连续结果的一致程度，也称为精密度。重复定位精度受伺服系统特性、进给系统的间隙与刚性以及摩擦特性等因素的影响。一般情况下，重复定位精度是呈正态分布的偶然性误差，它影响一批零件加工的一致性，是一项非常重要的性能指标。

（3）分度的精度是指分度工作台在分度时，理论要求回转的角度值和实际回转的角度值的差值。分度精度既影响零件加工部位在空间的角度位置，也影响孔隙加工的同轴度等。

（4）分辨率与脉冲当量分辨率是指两个相邻的分散细节之间可以分辨的最小间隔。对测量系统而言，分辨率是可以测量的最小增量；对控制系统而言，分辨率是可以控制的最小位移增量。数控装置发出的每个脉冲信号，机床移动部件的位移量叫作脉冲当量。坐标计算单位是一个脉冲当量，它标志着数控机床的精度分辨率。脉冲当量是设计数控机床的原始数据之一，其数值的大小决定数控机床的加工精度和表面质量。目前普通精度级的数控机床的脉冲当量一般采用 0.001 mm/脉冲，简易数控机床的脉冲当量一般采用 0.01 mm/脉冲，精密或超精密数控机床的脉冲当量采用 0.0001 mm/脉冲。脉冲当量越小，数控机床的加工精度和加工表面质量越高。

# 1.3　数控机床机械部件

机床本体是数控系统的被控制对象，是实现零件加工运动的执行部件。主要由主运动部件（主轴、主运动传动机构）、进给运动部件（工作台、滑板及相应的传动机构）、支承件（立柱、床身等）以及自动工作台交换（APC）系统、自动刀具交换（ATC）系统和辅助装置（如冷却、润滑、排屑、转位和夹紧装置等）等组成。

数控机床本体结构相对普通机床，主要有以下几个特点：

（1）采用高性能的主轴及进给伺服驱动装置，机械传动装置得到了简化，传动链较短。

（2）数控机床的机械结构具有较高的动态特性、动态刚度、阻尼精度、耐磨性以及抗热变形性能。

（3）较多地采用滚珠丝杠螺母副、直线滚动导轨等高效传动部件。

## 1.3.1　数控车床本体结构组成

从机械结构上看，数控车床没有脱离卧式车床的结构形式，即由床身、主轴箱、刀架进给系统、液压系统、冷却系统、润滑系统等组成。与卧式车床所不同的是，数控车床的进给系统通过滚珠丝杠螺母副驱动溜板以及安装在其上的刀具，实现进给运动，从而大大简化了进给系统的结构。

数控车床一般具有两轴联动功能，$Z$ 轴是与主轴平行方向的运动轴，$X$ 轴是在水平面内与主轴垂直的运动轴。在最新的车铣加工中心上，增加了一个 $C$ 轴，可用于工件的分度功能，可在刀架中安放铣刀，对工件进行铣削加工。数控车床的本体组成如图 1-9 所示。

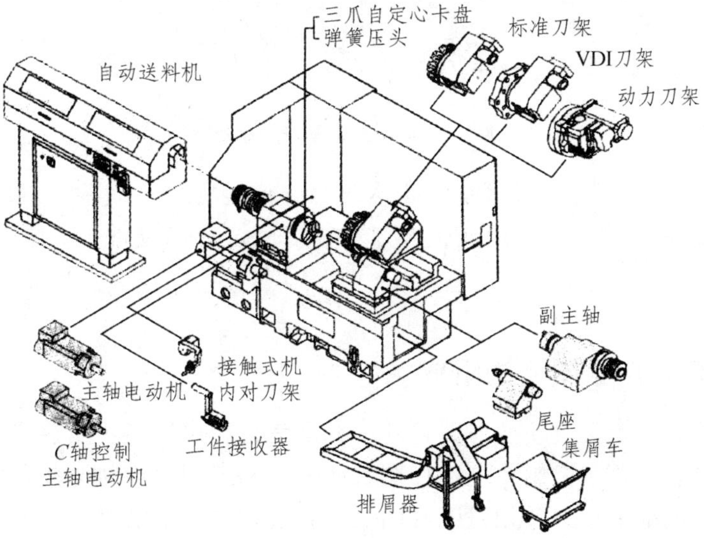


图 1-9　数控车床的本体组成

数控车床本体结构的布局特点主要是：采用自动回转刀架，刀架工位数量有限；数控车削中心一般具有 $C$ 轴控制；床身结构有水平床身水平滑板、倾斜床身水平滑板、水平床身斜滑板和立式床身等。

## 1.3.2　数控铣床本体结构组成

数控铣床具有铣床、镗床、钻床的功能，使工序高度集中，在更换工件时只需调用存储于数控装置中的加工程序、装夹工具和调整刀具数据即可，因而大大缩短了生产周期，提高了生产效率。数控铣床形式多样，按主轴的位置分类有立式、卧式、立卧两用式三类，其中立式数控铣床占据大多数，应用范围也最广。

数控铣床的机械结构，除铣床基础部件外，由以下几部分组成：

（1）主传动系统：由有级变速箱和铣头两个部件组成。

（2）进给系统：包括工作台的纵向进给、横向进给系统以及升降台的升降系统。

（3）实现工件回转、定位的装置和附件。

（4）实现某些部件动作和辅助功能的系统和装置，如液压、气动、润滑、冷却等系统和排屑、防护等装置。

数控铣床结构如图 1-10 所示。

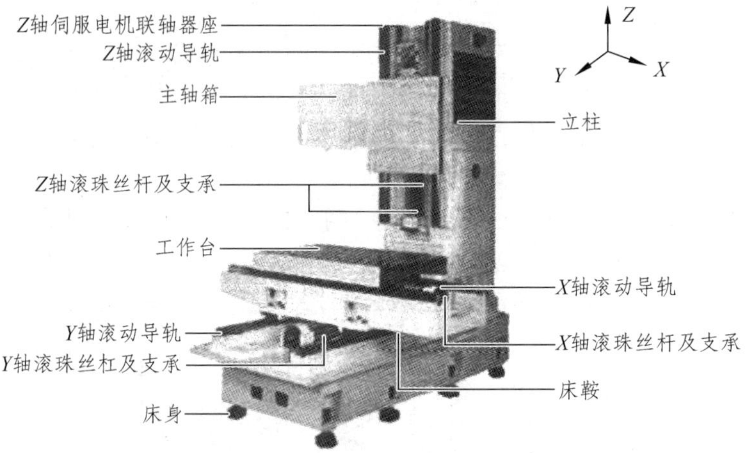


图 1-10　数控铣床的结构

铣床基础件称为铣床大件，通常是指床身、底座、立柱、横梁、滑座、工作台等。它是整台铣床的基础和框架。铣床的其他零部件，或固定在基础件上，或工作时在它的导轨上运动。

## 1.3.3　加工中心本体结构组成

加工中心是带有刀库和自动换刀装置的一种高度自动化的多功能数控机床。工件在加工中心上经一次装夹后，数字控制系统能控制机床按不同工序，自动选择和更换刀具，自动改变机床主轴转速、进给量和刀具相对工件的运动轨迹及其他辅助机能，依次完成工件几个面上多工序的加工，并且有多种换刀或选刀功能，从而使生产效率大大提高。

加工中心按主轴的位置分类有立式、卧式、立卧两用式三类；按运动坐标数和同时控制的坐标数分，有三轴两联动、三轴三联动、四轴三联动、五轴四联动、六轴五联动等。三轴、四轴是指加工中心具有的运动坐标数，联运是指控制系统可以同时控制运动的坐标数，从而实现刀具与工件的相对位置和速度控制。

按加工精度分，有普通加工中心和高精度加工中心。普通加工中心，分辨率为 1 μm，最大进给速度为 15 ~ 25 m/min，定位精度为 10 μm 左右。高精度加工中心，分辨率为 0.1 μm，最大进给速度为 15 ~ 100 m/min，定位精度为 2 μm 左右。一般精密级加工中心定位精度为 2 ~ 10 μm，以 ± 5 μm 居多。

加工中心主要由以下几大部分组成，如图 1-11 所示。

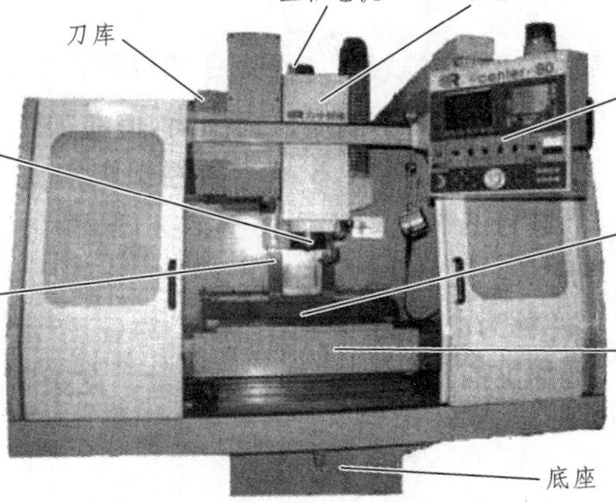


**图 1-11　加工中心的结构组成**

1）基础部件

基础部件是加工中心的基础结构，由床身、立柱和工作台等组成，它们主要承受加工中心的静载荷以及在加工时产生的切削负载，因此必须要有足够的刚度。这些大件可以是铸铁件，也可以是焊接而成的钢结构件，它们是加工中心中体积和质量最大的部件。

2）主轴部件

主轴部件由主轴箱、主轴电动机、主轴和主轴轴承等零件组成。主轴的启、停和变速等动作均由数控系统控制，并且通过装在主轴上的刀具参与切削运动，是切削加工的功率输出部件。

3）数控系统

加工中心的数控部分是由 CNC 装置、可编程控制器、伺服驱动装置以及操作面板等组成。它是执行顺序控制动作和完成加工过程的控制中心。

4）自动换刀系统

自动换刀系统由刀库、机械手等部件组成。当需要换刀时，数控系统发出指令，由机城手（或通过其他方式）将刀具从刀库内取出装入主轴孔中。

5）辅助装置

辅助装置包括润滑、冷却、排屑、防护、液压、气动和检测系统等部分。这些装置虽然不直接参与切削运动，但对加工中心的加工效率、加工精度和可靠性起着保障作用，因此也是加工中心中不可缺少的部分。

# 1.4 数控编程简介

## 1.4.1 数控编程概述

### 1. 数控编程的定义

为了使数控机床能根据零件加工的要求进行动作，必须将这些要求以机床数控系统能识别的指令形式告知数控系统，这种数控系统可以识别的指令称为程序，制作程序的过程称为数控编程。

数控编程的过程不仅仅是单一指编写数控加工指令的过程，它还包括从零件分析到编写加工指令再到制成控制介质以及程序校核的全过程。

### 2. 数控编程的内容

一般来说，数控编程包括以下几方面工作：

（1）分析零件图，制定加工工艺方案。

根据零件图样，对零件的形状、尺寸、材料、精度和热处理要求等进行工艺分析拟选择加工方案，确定工件的加工工艺路线、工序及切削用量等工艺参数，确定所用机床刀具和夹具。

（2）数学处理。

根据零件的几何尺寸、工艺要求及编程的方便与否，设定坐标系，计算工件粗、精加工的轮廓轨迹，获得刀位数据。

（3）编写零件加工程序。

根据制定的加工工艺路线、切削用量、刀具补偿量、辅助动作及刀具运动轨迹等条件，按照机床数控系统规定的功能指令代码及程序格式，逐段编写加工程序。

（4）记录程序并输入到数控机床。

记录编制好的程序并传输到数控机床中，这个工作可通过手工在操作面板直接输入，或利用通信方式输入，由传输软件把计算机上的加工程序传输到数控机床。

（5）程序校验和试切。

输入到数控系统的加工程序在正式加工前需要进行验证，以确保程序正确。通常可采用机床空运行的方法，检查机床动作和运动轨迹是否正确。另还需要进行零件的首件试切，当发现加工的零件不符合加工技术要求时，分析产生加工误差的原因，找出问题，修改程序或采取尺寸补偿等措施。

### 3. 数控编程的方法

1）手工编程

手工编程就是从分析零件图样、确定加工工艺过程、数值计算、编写零件加工程序、程序输入到程序校验都由人工完成。

2）自动编程

自动编程就是利用计算机专用软件完成数控机床程序编制工作。编程人员只需根据零件图样的要求，使用数控语言由计算机进行数值计算和工艺参数处理，自动生成加工程序再通过通信方式传入数控机床。它具有高效、形象直观、精度高、使用简便、便于检查和修改等优点，是目前普遍采用的数控编程方法。

## 1.4.2　数控加工程序的结构和格式

### 1. 数控程序的组成

数控指令的有序集合称为程序。一个完整的数控加工程序由程序开始符、程序号、程序主体、程序结束指令、程序结束符组成。

下面是一个完整的数控加工程序示例：

```
%                                              // 程序开始符
O1000                                          // 程序号
N10 G00 G54 X50.0    Y30.0    S1000 M03    }   // 程序主体
N20 G01 X88.1    Y30.2    F500 M08         }
N30 X90.0                                  }
……
```

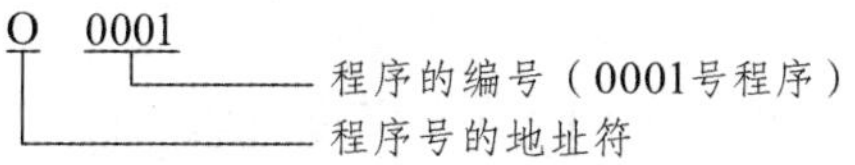


```
N300 M30                                       // 程序结束指令
%                                              // 程序结束符
```

1）程序开始符、结束符

程序开始符、结束符是同一个字符，在 ISO 代码中是%，EIA 代码中是 EP，书写时要单列一行。

2）程序号

程序号是一个程序必需的标识符，用作把 CNC 控制器内存中存储的多个程序相互区别开来。它通常由地址符和数字（即程序的编号）组成。如：

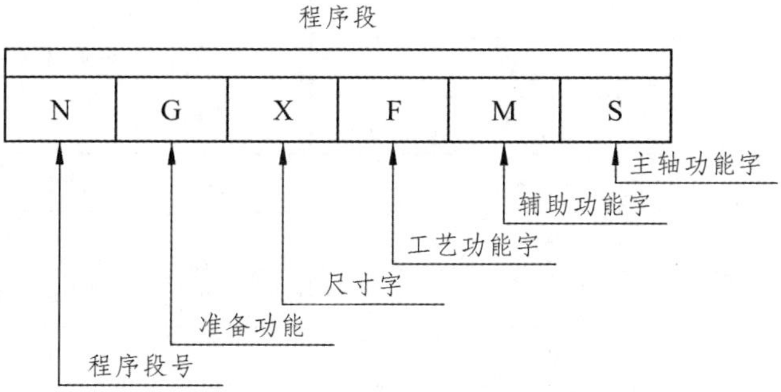


3）程序主体

程序主体是整个程序的核心，由遵循一定结构、句法和格式规则的若干行程序段组成。一个程序段一般占一行。

4）程序结束指令

程序结束指令 M02 或 M30 用来表示程序的结束。

### 2. 程序段的格式

程序段格式是指在一个程序段中的字、字符、数据的书写规则，如图 1-12 所示。

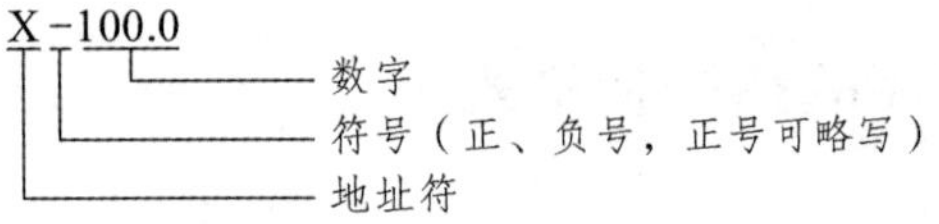


图 1-12　程序段格式

1）字符

字符是用于组织、控制或表示数据的一些符号，用来进行信息交换，数字、字母、标点符号、数学运算符都可以用作字符，常规加工程序应用 4 种字符：英文字母、数字和小数点、正负号、功能字符。

2）字

字是一套可以作为一个信息单元进行存储、传递和操作的有规定次序的字符，字符的个数即为字长。常规加工程序中的字都是由英文字及随后的数字组成，这个英文字称为地址符，如：一个字的组成如下所示：

3）字的种类

字可分为尺寸字地址和非尺寸字地址两种。表示尺寸字地址的英文字母有 X、Y、Z、U、V、W、P、Q、I、J、K、A、B、C、D、E、R、H 共 18 个字母；表示非尺寸字地址有 N、G、F、S、T、M、L、O 共 8 个字母。其字母的含义见表 1-1。

表 1-1　表示地址符的英文字母含义

| 功　能 | 地 址 字 母 | 意　　义 |
|---|---|---|
| 程序号 | O、P | 程序编号，子程序号的指定 |
| 顺序号 | N | 程序段编号 |
| 准备功能 | G | 指令动作方式（直线、圆弧等） |
| 尺寸字 | X、Y、Z | 坐标轴的移动指令 |
| | A、B、C | |
| | U、V、W | |
| | I、J、K | 圆弧圆心参数 |
| | R | 圆弧半径 |
| 进给速度 | F | 进给速度的指定 |
| 主轴功能 | S | 主轴转速的指定 |
| 刀具功能 | T | 刀具编号的指定 |
| 辅助功能 | M | 机床开/关控制的指定 |
| 补偿功能 | H、D | 刀具补偿号的指定 |
| 暂停功能 | P、X | 暂停时间的指定 |
| 重复次数 | L | 子程序及固定循环的重复次数 |

4）字的含义说明

（1）顺序号 N。

CNC 程序中的每一行程序段均对应于一个编号，称为顺序号，又称为程序段号或行号。顺序号的地址符为字母 N，后面一般跟 4 位数字（1 ~ 9999）。它必须位于程序段首。

（2）功能字。

在数控加工程序中，主要有准备功能字 G、辅助功能字 M、进给功能字 F、主轴转速功能字 S 和刀具功能字 T。

（3）尺寸字。

尺寸字由地址符，符号（+、 – ），绝对（或相对）数值组成，例如 X20、Y-18 等。

### 1.4.3　数控机床坐标系统

#### 1. 标准坐标系的规定

在数控机床上加工零件，机床的动作是由数控系统发出的指令来控制的。为了确定机床的运动方向、移动的距离，需要在机床上建立一个坐标系，这个坐标系就叫标准坐标系，也叫机床坐标系。编制程序时以该坐标系来规定运动方向和距离。数控机床的某一部件运动的正方向，是增大工件和刀具之间距离的方向。

在数控机床上的标准坐标系采用右手笛卡儿直角坐标系。它规定了基本的直线运动坐标轴用 *X*、*Y*、*Z* 表示，围绕 *X*、*Y*、*Z* 轴回转的圆周进给坐标轴分别用 *A*、*B*、*C* 表示，如图 1-13 所示。

*X*、*Y*、*Z* 坐标轴的相互关系及其方向用右手定则决定，如图 1-14 所示。即右手的大拇指、食指、中指互相垂直，分别代表 *X*、*Y*、*Z* 坐标轴；这三个手指的指向为三个坐标轴的正方向。

*A*、*B*、*C* 坐标轴的正方向则由右手螺旋法则确定，如图 1-15 所示。即以大拇指分别代表 +*X*、+*Y*、+*Z*，则其余四指握拳的指向代表回转轴 *A*、*B*、*C* 的正向。

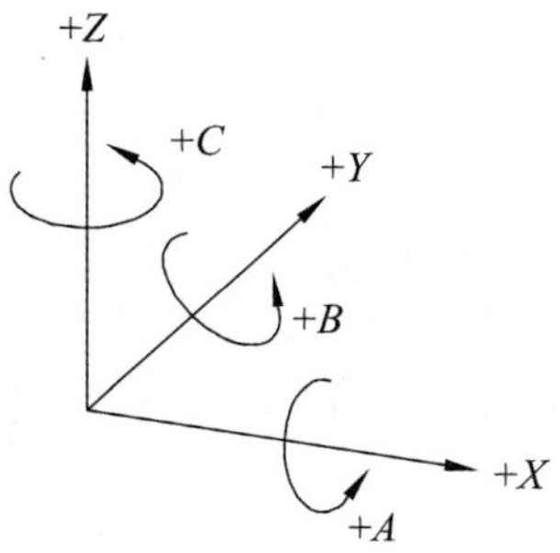


图 1-13　右手笛卡儿直角坐标系

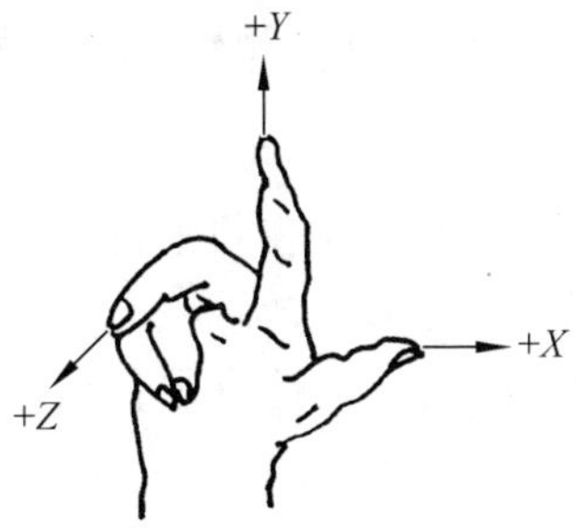


图 1-14　右手定则

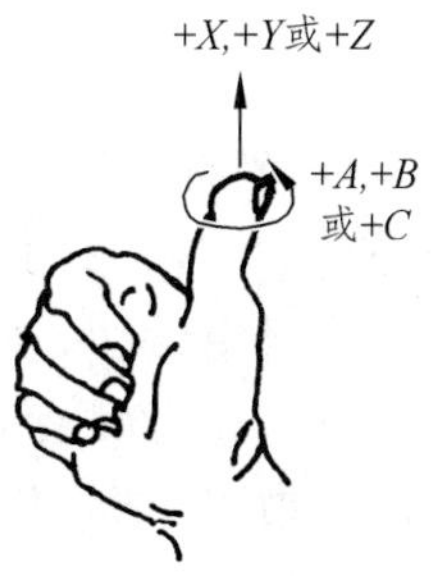


图 1-15　右手螺旋法则

#### 2. 机床坐标轴的确定

机床坐标轴的方位和方向取决于机床的类型和各组成部分的布局，其确定顺序一般为：先确定 *Z* 轴，再确定 *X* 轴，然后确定 *Y* 轴，最后再判断回转轴 *A*、*B*、*C*。

1）*Z* 轴

一般将传递切削力的主轴定为 *Z* 坐标轴，刀具远离工件的方向为正向，如图 1-16 所示。

当机床有几个主轴时，选一个与工件装夹面垂直的主轴为 $Z$ 轴；当机床无主轴时，选与工件装夹面垂直的方向为 $Z$ 轴。

2）$X$ 轴

$X$ 轴一般是水平的，它垂直于 $Z$ 轴且与工件装夹基面平行。

对于工件做回转切削运动的机床（如车床、磨床等），在水平面内取垂直工件回转轴线（$Z$ 轴）的方向为 $X$ 轴，刀具远离工件的方向为正向，如图 1-16（a）所示。

对于刀具做回转切削运动的机床（如铣床、镗床等），当 $Z$ 轴垂直时，人面对主轴，向右为正 $X$ 方向，如图 1-16（b）所示；当 $Z$ 轴水平时，向左为正 $X$ 方向，如图 1-16（c）所示。

3）$Y$ 轴

根据已确定的 $X$、$Z$ 轴及其正向，用右手定则确定 $Y$ 轴及其正向。

4）回转运动 $A$、$B$、$C$ 轴

根据已确定的 $X$、$Y$、$Z$ 轴，用右手螺旋法则确定 $A$、$B$、$C$ 三轴坐标。

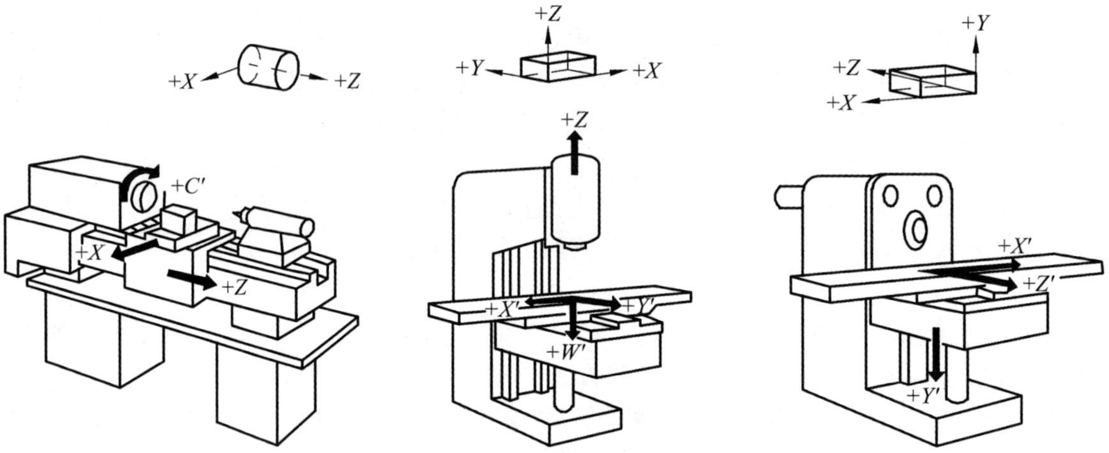


（a）卧式车床　　（b）立式铣床　　（c）卧式铣床

**图 1-16　几种典型机床的坐标系**

5）附加坐标

如果在 $X$、$Y$、$Z$ 主要坐标以外，还有与它们平行的坐标轴，可分别指定为 $U$、$V$、$W$。如果还有第三组运动，则分别指定为 $P$、$Q$、$R$。

如果在第一组旋转运动 $A$、$B$、$C$ 之外，还有平行或不平行于 $A$、$B$、$C$ 的第二组旋转运动，可指定为 $D$、$E$、$F$。

### 3. 机床坐标系

1）机床坐标系及机械原点

机床坐标系是机床上固有的坐标系，并设固定的坐标原点，又称机械原点，即 $X=0$、$Y=0$、$Z=0$ 的点。这个原点在数控机床出厂时，就预先设定好了。如在数控车床上，机床原点一般位于卡盘端面与主轴中心线的交点处。

2）机床参考点

机床参考点是机床坐标系中的一个固定不变的位置点，是用于对机床运动进行检测和控

制的点，大多数机床将刀具沿其坐标轴正向运动的极限点附近设置为参考点，其位置由行程开关信号作为减速信号，并以编码器零脉冲所在位置为参考点。数控铣床和镗铣类加工中心，一般将机床参考点与原点合二为一。

3 ）工件坐标系与原点

为了使编程人员能够根据图纸直接进行编程，通常在工件上选择一个与机床坐标系有一定关系的坐标系，这个坐标系即为工件坐标系，其原点就是编程原点和工件原点。

4）机床回参考点与机床坐标系的建立

数控系统得电时并不知道机床原点的位置，也就无法正确地在机床工作时建立机床坐标系。由于机床参考点对机床原点的坐标是一个已知定值，因此可以根据机床参考点在机床坐标系中的坐标值来间接确定机床原点的位置。当执行返回参考点的操作后，刀具（或工作台）退离到机床参考点，使装在 $X$、$Y$、$Z$ 轴向滑板上的各个行程挡块分别压下对应的开关，向数控系统发出信号，系统记下此点位置，并在显示器上显示出位于此点的刀具中心在机床坐标系中的各坐标值，这表示在数控系统内部已自动建立起了机床坐标系。这样通过确认参考点，就确定了机床原点。因此，在数控机床启动时，通常要进行机动或手动回参考点操作。对于将机床原点设在参考点上的数控机床，参考点在机床坐标系中的各坐标值均为零，因此参考点又称为机床零点，由此通常把回参考点的操作称为“机械回零”。

回参考点除了用于建立机床坐标系外，还可用于消除由于漂移、变形等的误差：机床使用一段时间后，工作台会造成一些漂移，使加工有误差，回一次机床参考点，就可以使机床的工作台回到准确位置，消除误差。所以在机床加工前，也常进行回机床参考点的操作。

应注意的是，当机床开机回参考点之后，无论刀具运动到哪一点，数控系统对其位置都是已知的。

一旦机床断电后，数控系统就失去了对参考点的记忆。通常在以下几种情况下必须进行回零操作：

① 机床首次开机，或关机后重新接通电源时。

② 解除机床超程报警信号后。

③ 解除机床急停状态后。

## 习题与思考

1.1　简述数控技术、数控加工、数控机床和数控编程的含义。

1.2　数控机床由哪几部分组成？各部分的作用是什么？

1.3　数控机床有哪几种分类方法？各有什么特点？

1.4　何谓点位控制、直线控制、轮廓控制？三者有何区别？

1.5　数控加工的特点是什么？数控加工的主要应用范围有哪些？

1.6　简述数控编程的基本步骤。

1.7　机床坐标系与工件坐标系的区别是什么？

# 第 2 章 机床电气控制基础

## 2.1 电气控制电路图的绘制

数控机床的电气线路，需要用统一的工程语言即用图的形式来表示。根据机械运动形式对电气控制系统的要求，采用国家统一规定的图形符号、文字符号和标准画法进行绘制。按照电气设备和电器的工作顺序，详细表示电路、设备或装置的全部基本组成和连接关系的图形就是电气控制系统图。常见的电气控制系统图主要有电气原理图、电器布置图、电器安装接线图三种。

### 2.1.1 电气控制系统图中常用的图形符号和文字符号

#### 1. 图形符号

《电气简图用图形符号》国家标准（GB/T 4728.1 ~ .5—2005，GB/T 4728.6 ~ .13—2008）规定了电气图中图形符号的画法，其中规定的图形符号基本与国际电工委员会（EC）发布的有关标准相同。图形符号由符号要素、限定符号、一般符号以及常用的非电操作控制的动作符号（如机械控制符号等），根据不同的具体元器件情况组合构成。表 2-1 所示为限定符号与一般符号等组合成各种类型开关图形符号的例子。国家标准除给出各类电气元器件的符号要素、限定符号和一般符号外，也给出了部分常用图形符号及组合图形符号示例。因为国家标准中给出的图形符号例子有限，实际使用中可通过已规定的图形符号适当进行派生。

**表 2-1 部分常用的电气简图用图形符号**

| 名 称 | 图形符号 | 文字符号 | 名 称 | | 图形符号 | 文字符号 |
| --- | --- | --- | --- | --- | --- | --- |
| 一般三级开关 | 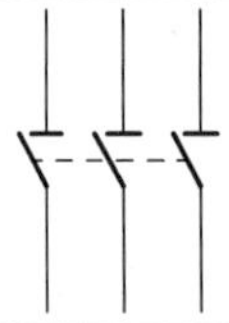 | QS | 行程开关 | 常开触头 |  | SQ |
| | | | | 常闭触头 |  | |
| 低压断路器 | 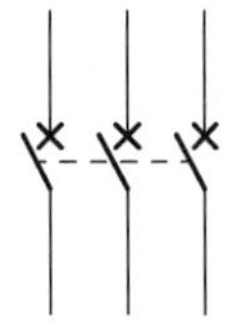 | QF | | 复合触头 |  | |

续表

| 名　称 | | 图形符号 | 文字符号 |
|---|---|---|---|
| 按钮 | 启动 |  | SB |
| | 停止 | 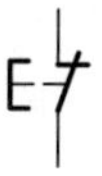 | |
| | 复合 | 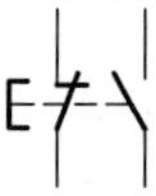 | |
| 热继电器 | 热元件 | 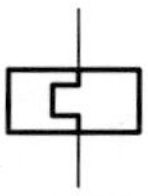 | FR |
| | 常闭触头 |  | |
| 熔断器式负荷开关 | |  | QM |
| 接触器 | 线圈 | 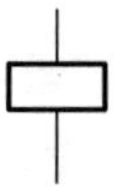 | KM |
| | 主触头 |  | |
| | 辅助常开触头 |  | |
| | 辅助常闭触头 |  | |
| 速度继电器 | 常开触头 |  | KS |
| | 常闭触头 | 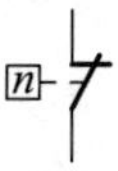 | |
| 熔断器 | |  | FU |

| 名　称 | | | 图形符号 | 文字符号 |
|---|---|---|---|---|
| 熔断器式隔离开关 | | |  | QS |
| 转换开关 | | | 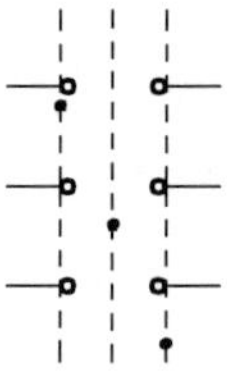 | SA |
| 继电器 | 线圈 | | 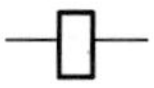 | K<br>KV<br>KT<br>KA |
| | 常开触头 | |  | |
| | 常闭触头 | |  | |
| 时间继电器 | 通电延时型 | 线圈 | 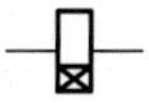 | KT |
| | | 常闭触头 |  | |
| | | 常闭触头 | 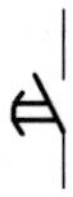 | |
| | 断电延时型 | 线圈 | 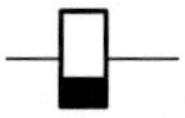 | |
| | | 常开触头 |  | |
| | | 常闭触头 |  | |
| | 瞬时触头 | 常开触头 |  | |
| | | 常闭触头 |  | |

续表

| 名　称 | 图形符号 | 文字符号 | 名　称 | 图形符号 | 文字符号 |
|---|---|---|---|---|---|
| 熔断器式刀开关 |  | QF（S） | 桥式整流装置 | 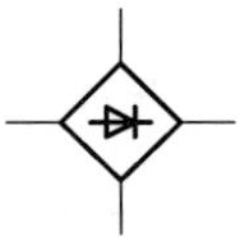 | VR |
| 蜂鸣器 |  | H | 单相变压器 | 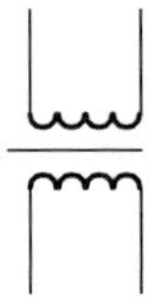 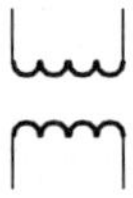 | T |
| 灯 |  | HL | 整流变压器 | | |
| 电阻器 | 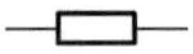 | R | 照明变压器 | | |
| 插头、插座 |  | X | 控制电器电源用变电器 | | TC |
| 电磁铁 | 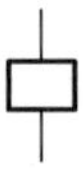 | YA | 直流发电机 |  | G |
| 直流串励电动机 | 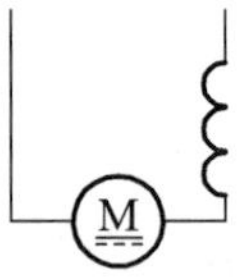 | M | 接近开关常开触头 |  | SP |
| 直流并励电动机 | 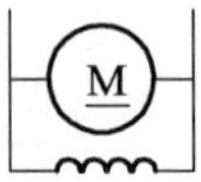 | M | 接触敏感开关常开触头 | 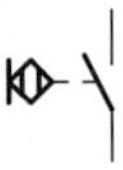 | SP |
| 三相笼形异步电动机 | 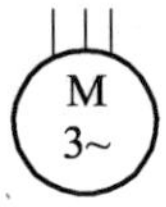 | M | | | |

2. **文字符号**

国家标准 GB7159—1987《电气技术中的文字符号制订通则》规定了电气工程图的文字符号，它分为基本文字符号和辅助文字符号。

基本文字符号有单字母符号和双字母符号，单字母符号表示电气设备、装置和元器件的大类，例如 K 表示继电器类；双字母符号由一个表示大类的单字母与另一个表示元器件某些特性的字母组成，例如 KA 表示继电器类中的中间继电器（或电流继电器），KM 表示继电器类中的接触器。

辅助文字符号用来进一步表示电气设备、装置和元器件以及线路的功能、状态和特征。

电气控制系统图中的图形符号必须按国家标准绘制。表 2-1、表 2-2 列出了部分常用的电气简图用图形符号和电气技术用文字符号，实际使用时需要更多更详细的资料，请查阅国家标准。

**表 2-2　部分电气技术用文字符号**

| 设备、装置和元器件 | 举例 | 基本文字符号 | | 设备、装置和元器件 | 举例 | 基本文字符号 | |
|---|---|---|---|---|---|---|---|
| | | 单字母 | 双字母 | | | 单字母 | 双字母 |
| 组件部件 | 抽屉柜 | A | AT | 保护器件 | 熔断器 | F | FC |
| 非电量到电量变换器或电量到非电量变换器 | 压力变换器 | B | BP | | 限压保护器件 | | FV |
| | 位置变换器 | | BQ | 信号器件 | 声响指示器 | H | HA |
| | 温度变换器 | | BT | | 指示灯 | | HL |
| | 速度变换器 | | BV | 继电器 | 中间继电器 | K | KA |
| 继电器接触器 | 簧片继电器 | K | KP | 控制、记忆、信号电路的开关器件选择器 | 控制开关 | S | SA |
| | 有 / 无延时继电器 | | KT | | 按钮开关 | | SB |
| | 接触器 | | KM | | 压力传感器 | | SP |
| | 压力继电器 | | KP | | 位置传感器 | | SQ |
| 测量设备试验设备 | 电流表 | P | PA | | 温度传感器 | | ST |
| | 电能表 | | PJ | 变压器 | 电流互感器 | T | TA |
| | 记录仪 | | PS | | 控制电路电源用变压器 | | TC |
| | 电压表 | | PV | | 电力变压器 | | TM |
| | 时钟、操作时间表 | | PT | | 电压互感器 | | TV |
| 电力电路的开关器件 | 断路器 | Q | QF | 端子、插头、插座 | 插头 | X | XP |
| | 电动机保护开关 | | QM | | 插座 | | SX |
| | 隔离开关 | | QS | | 端子板 | | XT |
| 电阻器 | 电位器 | R | RP | 电气操作的机械器件 | 电磁铁 | Y | YA |
| | 热敏电阻器 | | RT | | 电磁阀 | | YV |
| | 压敏电阻器 | | RV | | 电磁离合器 | | YC |

### 3. 三相电气设备各接点标记

如图 2-1 所示的电气原理图中，三相交流电源引入线采用 L1、L2、L3 标记，保护接地用 PE 标记。

电源开关之后的三相交流电源主电路或动力线路分别以 U、V、W 顺序标记。分级三相交流电源主电路采用 U1、V1、W1 和 U2、V2、W2 标记。

各电动机分支电路各接点标记采用三相文字代号后面加数字来表示，数字中的十位数字表示电动机代号，个位数字表示该支路各接点的代号，从上而下按数值大小标记。

电动机绕组首端分别用 U、V、W 标记，尾端分别用 U′、V′、W′标记，双绕组的中点用 U″、V″、W″标记。

控制电路采用阿拉伯数字进行编号，一般由三位或三位以下的数字组成。标记方法按“等电位”原则进行，在垂直绘制的电路中，一般由上而下编号，凡是被触头、电气元器件等隔离的线段，都应标以不同的电路标记。

**4. 数控机床电气控制的逻辑表示**

1）数控机床电气控制的逻辑表示

逻辑变量通常只有“1”“0”两种取值，表示两种相反的逻辑状态，如开关、线圈元件触点的开关状态，线圈的通断电状态。通常“1”表示线圈通电、开关闭合状态，“0”则表示线圈断电、开关断开状态。也可以使用“真”“假”字母表示逻辑状态。

2）逻辑运算法则

（1）逻辑与电路。

如图 2-1（a），触点串联实现逻辑“与”运算，逻辑“与”运算相当于算术运算中的“乘”运算，用符号“·”表示，逻辑表达式为 $KM = KA1 \cdot KA2$

（2）逻辑或电路。

如图 2-1（b）所示，触点并联实现逻辑“或”运算，逻辑“或”运算相当于算术运算中的“加”运算，用符号“+”表示，逻辑表达式为 $KM = KA1+KA2$。

（3）逻辑非电路。

如图 2-1（c）所示，触点连接实现逻辑“非”运算。逻辑“非”用符号“$\overline{\ }$”表示，逻辑表达式为 $KM = \overline{KA}$

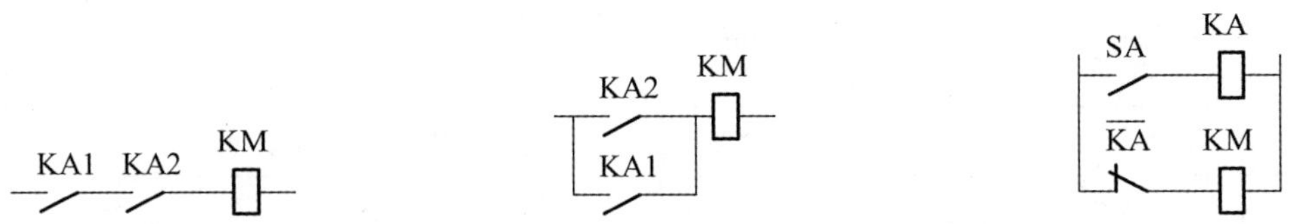


（a）“与”电路　（b）“或”电路　（c）“非”电路

**图 2-1　逻辑电路**

3）逻辑代数的基本公式

常用的逻辑代数和恒等式如下：

| | | |
|---|---|---|
| 自等律 | $A + 0 = A$ | $A \cdot 1 = A$ |
| 0-1 律 | $A + 1 = 1$ | $A \cdot 0 = 0$ |
| 重叠律 | $A + A = A$ | $AA = A$ |
| 互补律 | $A+\overline{A}=1$ | $A\overline{A}=0$ |
| 还原律 | $\overline{\overline{A}} = A$ | |
| 交换律 | $A + B = B + A$ | AB = BA |
| 结合律 | $(A + B) + C = A + (B + C)$ | $(AB)C = A(BC)$ |
| 分配律 | $A(B + C) = AB + AC$ | $A + BC = (A + B)(A + C)$ |
| 反演律 | $\overline{A+B} = \overline{A}\overline{B}$ | $\overline{AB} = \overline{A}+\overline{B}$ |

反演律公式或以推广到多个变量（摩尔根定律）

$\overline{A+B+C+\cdots}=\bar{A}\bar{B}\bar{C}\cdots$　　　　$\overline{ABC\cdots}=\bar{A}+\bar{B}+\bar{C}+\cdots$

吸收率　$A+AB=A$　　　　$A(A+B)=A$

$A+\bar{A}B=A+B$　　　　$(A+B)(A+C)=A+BC$

其他常用恒等式

$AB+\bar{A}C+BC=AB+\bar{A}C$　　　　$AB+\bar{A}C+BCD=AB+\bar{A}C$

这些基本定律可以直接利用真值表证明，如果等式两连年真值表相同，则等式成立。

## 2.1.2　电气原理图

电气原理图也称为电路图，是根据电路的工作原理绘制的，它表示电流从电源到负载的传送情况和电器元件的动作原理，所有电器元件导电部件和接线端子之间的相互关系。电气原理图结构简单、层次分明。通过它可以很方便地研究和分析电气控制线路，了解控制系统的工作原理。

### 1. 电气原理图的组成

电气原理图一般分为主电路和辅助电路两部分。

主电路是电气控制系统中强电流通过的部分，主要由电机及与其相连接的电气元件（如熔断器、组合开关、接触器的主触点、热继电器热元件、速度继电器转子等）组成。

除主电路以外的电路统称辅助电路，它是对主电路或整个系统起辅助控制作用的电路，其流过的电流比较小，主要包括控制电路、照明电路、信号电路及保护电路等。其控制电路一般由按钮、电气元件的线圈、接触器的辅助触点、继电器的触点等组成。

### 2. 电气原理图绘制的基本原则

（1）电气原理图中的主电路和辅助电路分别画出。其主电路包括从电源到电机的电路，用粗实线表示，画在图面的左侧或上部；辅助电路一般用细实线表示，画在图面的右侧或下部。

（2）电气原理图中的所有电气元器件不画出实际的外形图，而采用国家标准规定的图形符号和文字符号。同一电气元件的各个部件可以不画在一起，但要用同一文字符号标出。若有多个同一种类的电气元件，可在文字符号后面加数字序号，如 KM1、KM2 等。

（3）电气原理图中，所有电器的触点均按自然状态（即没有通电和没有外力作用时的开闭状态）绘制。如接触器、电磁式继电器按其线圈未通电时的触点状态绘制；按钮、行程开关按没有外力作用时的触点状态绘制；控制器按手柄处于零位时的状态绘制。

（4）电气原理图中，有直接点联系的交叉导线的连接点，要用黑圆点表示。无直接点联系的交叉导线，交叉处不能画黑圆点。

（5）电气原理图中，无论是主电路还是辅助电路，各电器元件一般按动作顺序从上到下、从左到右依次排列，可水平或垂直布置。

### 3. 电路图的基本表示方法

为了使电气原理图一目了然，电气原理图一般安排将图进行了区域划分，还设置了用途栏、触点表，以及技术数据的标注等，如图 2-2 所示。

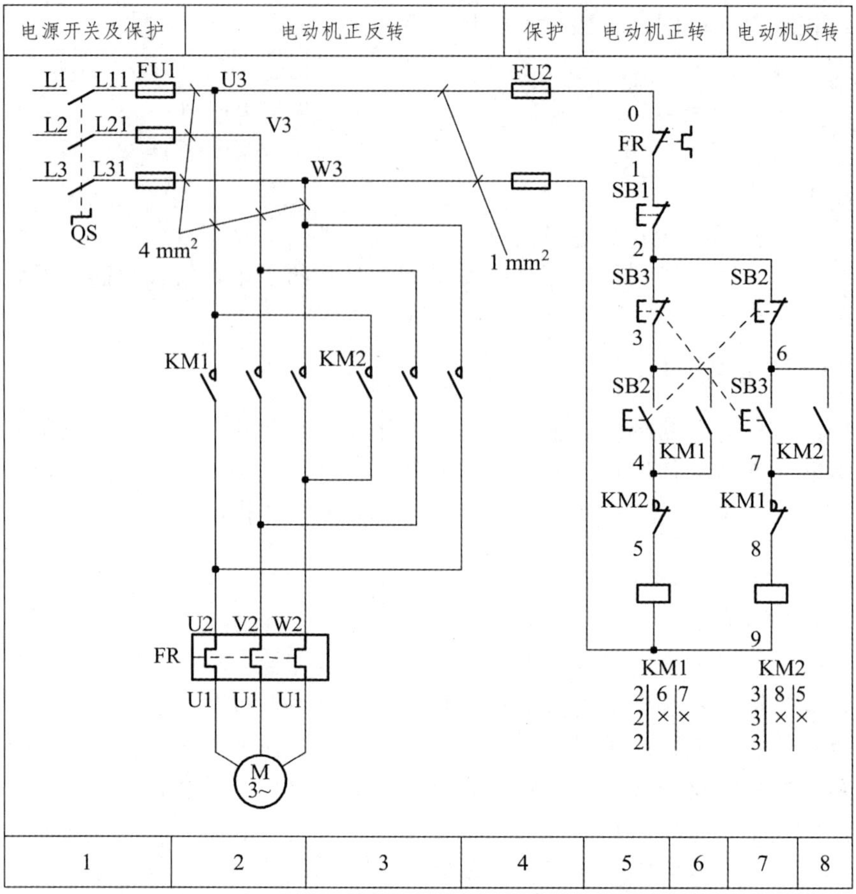


图 2-2　电动机正反转控制原理图

1）图区划分

为了便于检索电气线路，方便阅读电气原理图及避免遗漏，应将图面划分为若干区域并进行编号，横向从左到右用阿拉伯数字编号，一般写在图的下部，如图 2-1 中图纸下方的 1、2、3 等数字。当图面比较复杂时，还可增加竖向区域划分，竖边从上到下用英文字母表示，则此分区代号就用字母和数字表示如 A3、C4 等。

2）用途栏

如图 2-1 最上面部分就是用途栏，它用文字注明该栏垂直方向对应电路或元件的功能，以便理解原理图各部分的功能及全电路的工作原理。

3）触点表

图中，接触器线圈下方标有数字及竖线的区域即为触点表，它是用来说明线圈和触点的从属关系的，其含义如图 2-3 所示。其中“×”表示未使用的触点。

图 2-3 接触器触点表含义

4）技术数据的标注

电路图中元器件的数据和型号（如交流电动机额定电压和额定转速等的标注、热继电器动作电流和整定的标注、导线截面积等）可用小号字体标注在电器文字符号的下面，如图 2-4 所示。

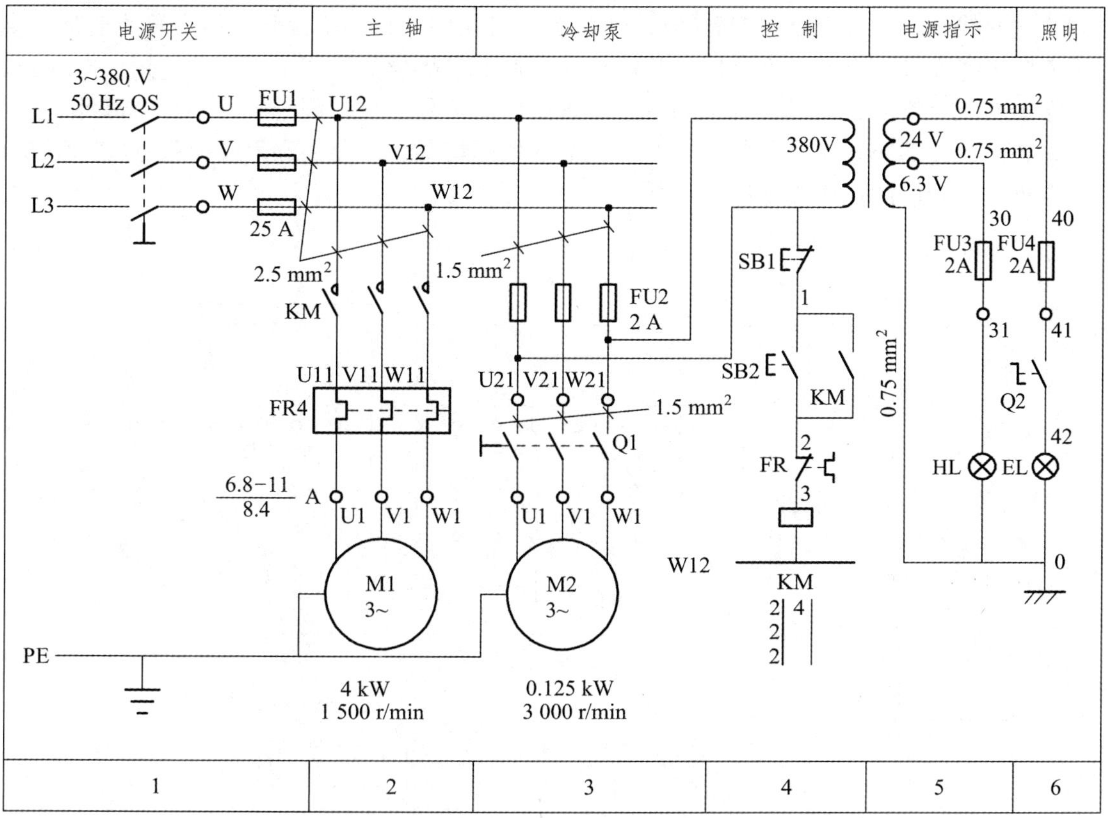


图 2-4　CW6132 型普通车床电气原理图

## 2.1.3　电器布置图

电器布置图用来表示各种电气设备或电气元件在机械设备或控制柜中的实际安装位置，为机械电气控制设备的制造、安装、维护、维修提供必要的资料。

电气元件要放在控制柜内，各电气元件的安装位置由机床的结构和工作要求决定。例如行程开关应布置在能取得信号的地方，电动机要和被拖动的机械部件在一起。

机床电器布置图主要包括机床电气设备布置图、控制柜及控制面板布置图、操作台及悬挂操纵箱电气设备布置图等。图 2-5 所示为某车床电器布置图。

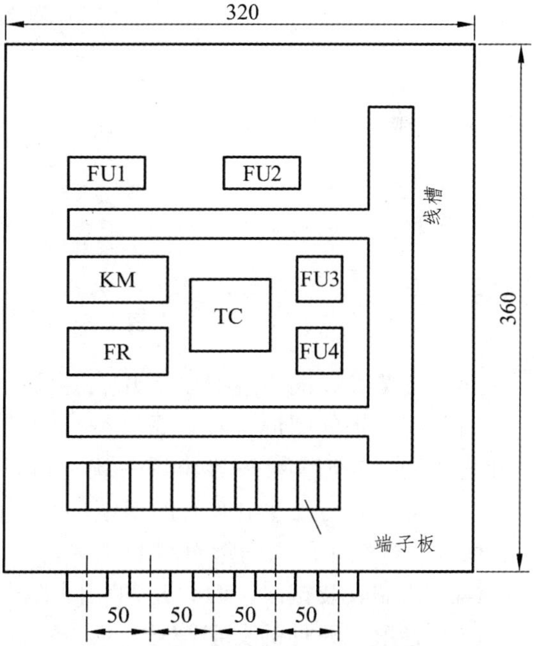


图 2-5　某车床电器布置图

## 2.1.4　电气安装接线图

电气安装接线图是按照各电气元件相对实际位置绘制的接线图，根据电气元件布置最合理和连接导线最经济来安排。它清楚地表明了各电气元件的相对位置和它们之间的电路连接，还为安装电气设备、电气元件之间进行配线及检修电气故障等提供了必要的依据。电气安装接线图中的文字符号、数字符号应与电气原理图中的符号一致，同一电器的各个部件应画在一起，各个部件的布置应尽可能符合这个电器的实际情况，对比例和尺寸应根据实际情况而定，电机正反转电路接线图如图 2-6 所示。

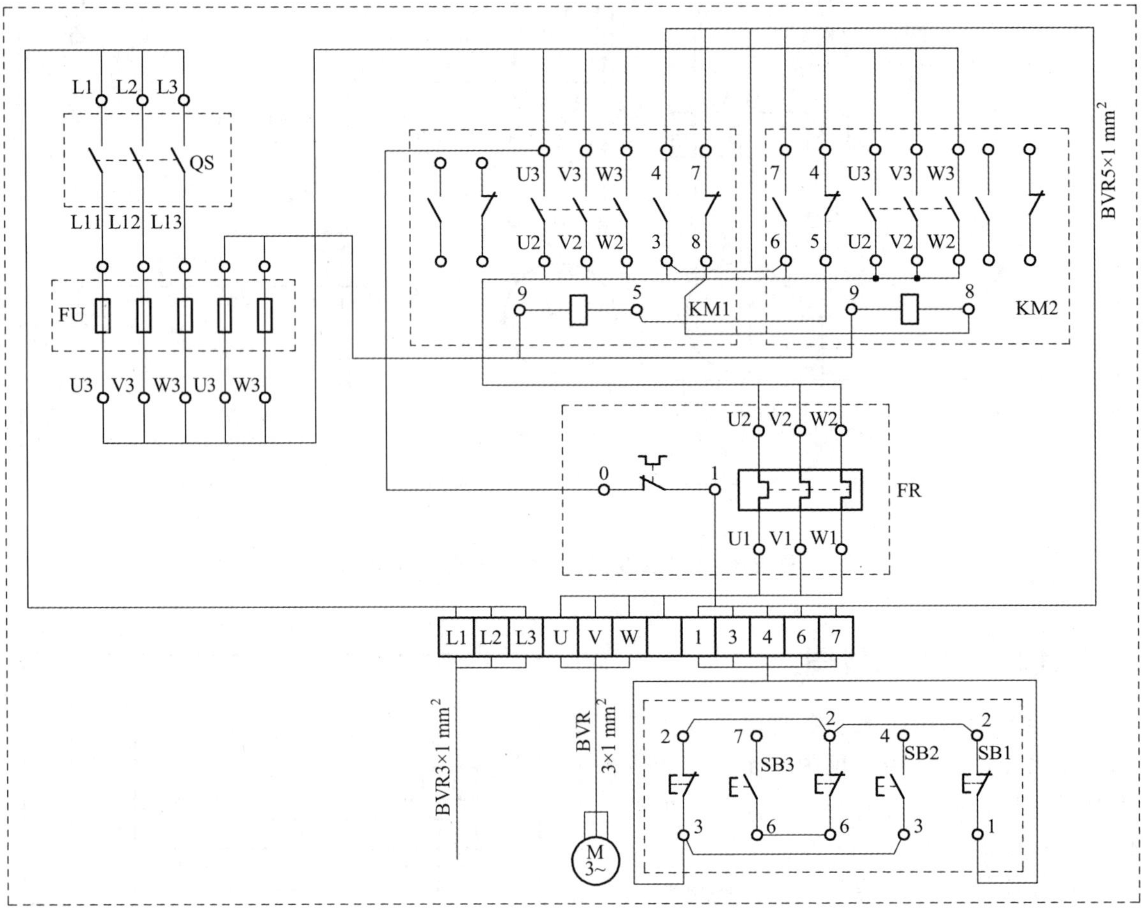


**图 2-6　电机正反转电路接线图**

绘制安装接线图应遵循以下几点要求：

（1）用规定的图形符号、文字符号绘制各电气元件，元器件所占图面要按实际尺寸以统一比例绘制，应与实际安装位置一致，同一电气元件各部件应画在一起。

（2）同一电气元件中所有的带电部件应画在一起，并用点画线框起来，采用集中表示法。

（3）各电气元件的图形符号和文字符号必须与电气原理图一致，而且必须符合国家标准。

（4）绘制安装接线图时，走向相同的多根导线可用单线表示。

（5）各电气元件的文字符号及端子板的编号应与原理图一致，并按原理图的接线进行连接。各接线端子的编号必须与电气原理图上的导线编号相一致。

## 2.2　机床电气基本控制电路

三相异步电动机的启动控制有直接（全压）启动和降压启动两种方式。

### 2.2.1　三相异步电动机的直接启动控制

直接启动线路简单、可靠、经济，但启动电流大。直接启动的电流是其额定电流的 5～7 倍，过大的启动电流会引起供电系统电压波动，干扰其他用电设备的正常工作，还会直接影响在同一电网工作的电动机。所以一般小容量电动机可采用直接启动，容量在 10 kW 以上时，因启动电流大必须采用降压启动。

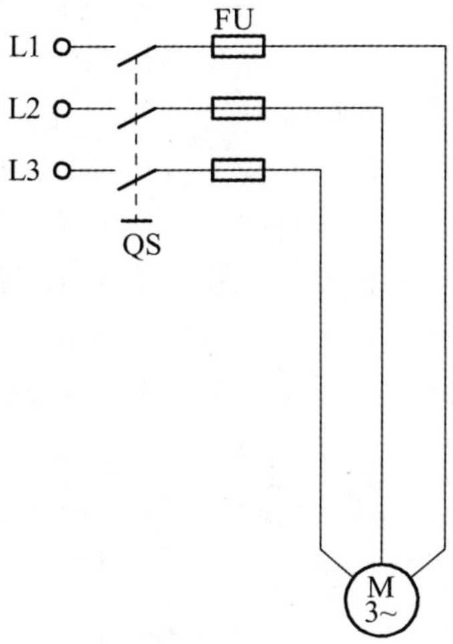


图 2-7　刀开关直接控制

#### 1. 手动直接启动控制电路

对小型三相异步电动机，如冷却泵、小台钻、砂轮机和风扇等，可采用刀开关或转换开关直接启动和停止，如图 2-7 所示。但此方法不能进行自动控制，安全性也不好，应采用按钮、接触器等电器来控制。

#### 2. 采用接触器直接启动控制电路

对中小型普通机床的主电动机一般采用接触器直接控制启动和停止。其主电路与手动直接控制不同的是，其启动在刀开关合上后，由交流接触器 KM 控制，另还增加了热继电器保护。根据电机的工作时间情况，有点动控制、长动控制，如图 2-8 所示。

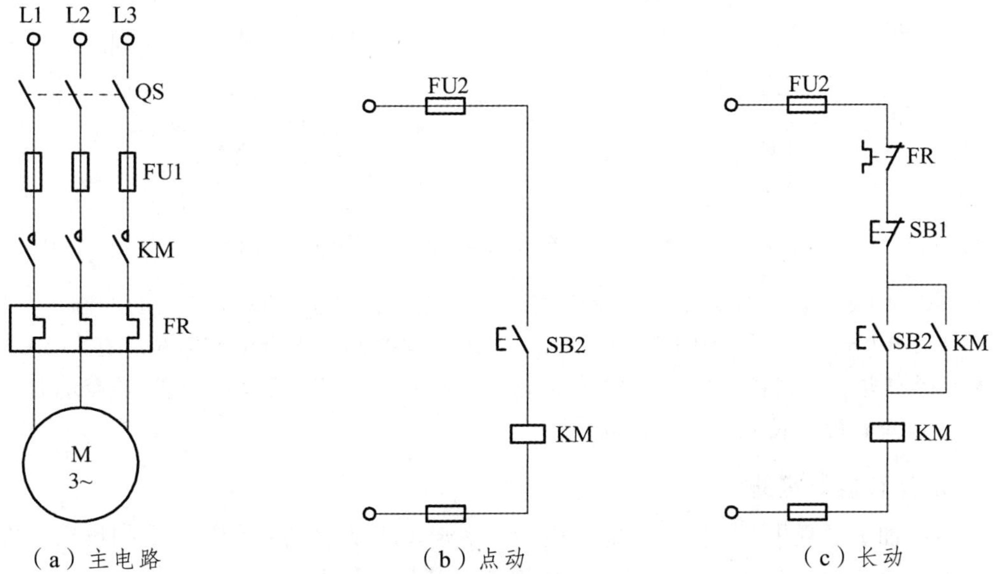


图 2-8　点动与长动控制电路

1）点动控制

当按下按钮，电机转动，松开按钮，电机停止，这样的控制称为点动。其工作过程如图 2-8（b）所示，当刀开关 QS 合上后，按下按钮 SB2，接触器 KM 线圈通电，KM 主触点闭合，电机 M 直接启动。松开按钮 SB2，接触器 KM 线圈断电，KM 主触点断开，电机停止。点动控制能实现电动机短时间转动，主要用于机床的对刀调速，以及控制电葫芦的起吊。

2）长动控制

在实际生产中需要电动机长时间连续转动，简称长动，其特点是按下启动按钮，电机运转，然后松开启动按钮，电机仍然运转，只有当按下制动按钮后电机才停止。其工作过程如图 2-8（c）所示，当刀开关 QS 合上后：

启动：按下按钮 SB2，接触器 KM 线圈通电，KM 主触点闭合，电机 M 直接启动；同时又使与 SB2 并联的 KM 线圈的一个动合辅助触点闭合。松开按钮 SB2，接触器 KM 动合触点仍保持吸合状态，从而保证线圈持续通电，电机 M 仍保持持续运转，此种现象称为自锁，此段电路为自锁电路。停止：按下停止按钮 SB1，则接触器线圈断电，KM 主触点断开，电机 M 停止。此电路也称“启动—保持—停止”电路，简称“起—保—停”电路。

3）既能点动又能长动控制

在生产过程中，机床调速完毕，需要进行连续切削加工，所以要求既能点动，又能长动，其控制电路图如图 2-9 所示。

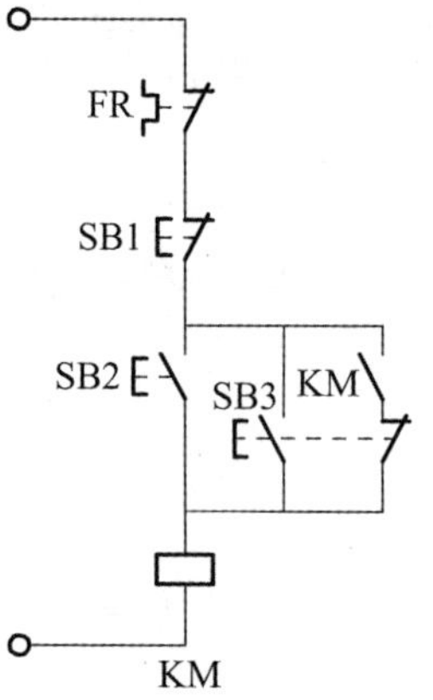

（a）

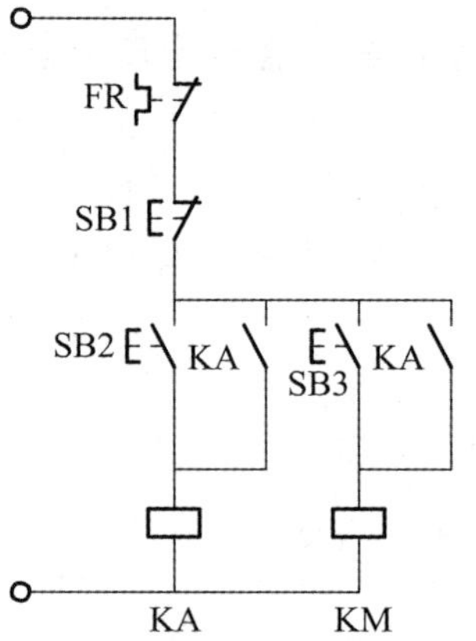

（b）

**图 2-9　既能点动又能长动控制电路**

在图 2-9（a）中，用复合按钮 SB3 实现点动控制，按钮 SB2 实现长动控制。

在图 2-9（b）中，采用中间继电器 KA 实现长动控制。正常工作时按下按钮 SB2 实现长动，KA 得电并实现自锁，使接触器 KM 得电，电机正常启动运转。当需要点动时，按下按钮 SB3，从而实现了长动与点动的联合控制。

### 3. 正反转控制电路

在生产加工过程中，往往要求电动机能够实现正/反两个方向的转动，如机床工作台的前进与后退、电梯的上升与下降、起重机吊钩的上升与下降等。

三相异步电动机实现正/反转控制的原理是，将三相电源中的任意两相对调，就可使电动机反向运转，这可通过两个接触器改变电动机定子绕组的电源相序来实现。如图 2-10 所示为三相异步电动机正反转控制电路图，图 2-10（a）为主电路，KM1 主触点闭合时 U、V、W 绕组分别接于 L1、L2、L3；KM2 主触点闭合时 U、V、W 绕组分别接于 L3、L2、L1，这样便可通过控制 KM1 和 KM2 的通断电来控制电机的正反转。

1）简单控制正反转控制电路

图 2-10（b）合上刀开关 QS，按下正转按钮 SB2 时 KM1 线圈通电，KM1 主触点和自锁触点闭合，电机正转；需要停止时按下 SB1，KM1 断电，电机停止。按下反转按钮 SB3 时 KM2 线圈通电，KM2 主触点和自锁触点闭合，电机反转；需要停止时按下 SB1。

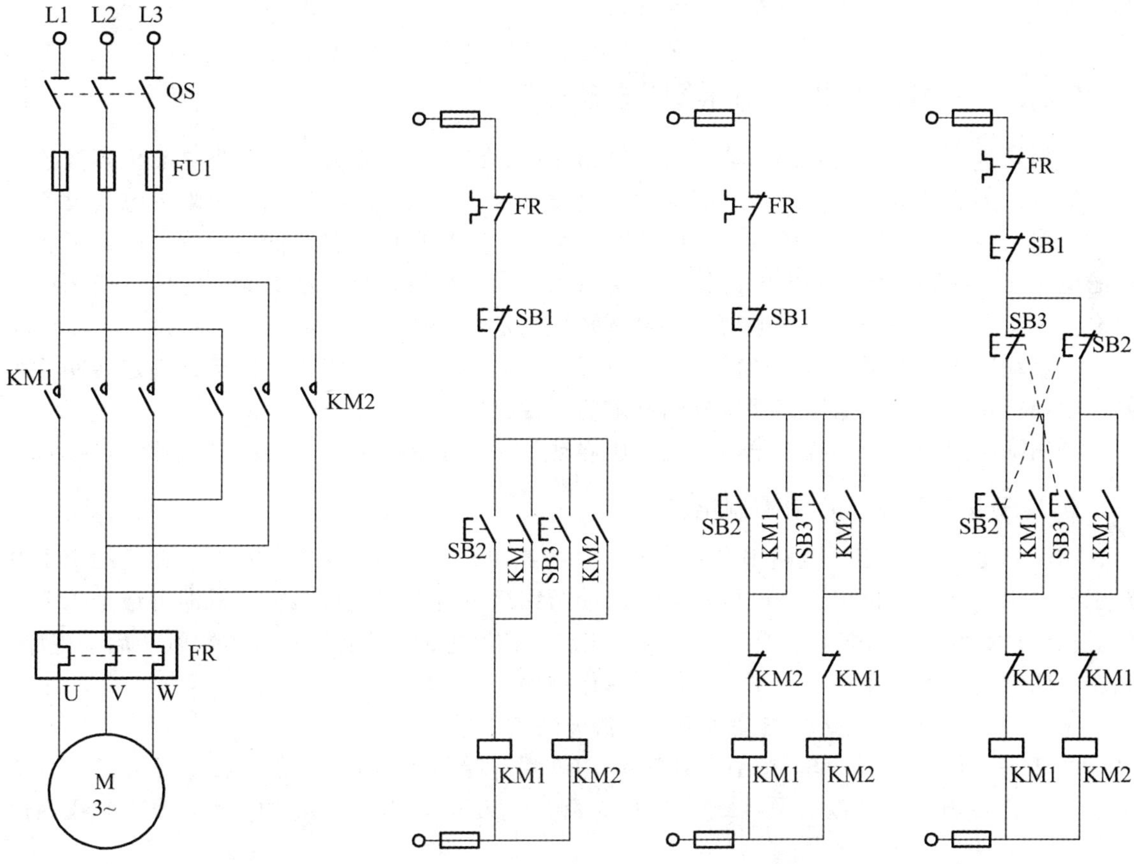


（a）主电路　　（b）无互锁　　（c）电气互锁　　（d）双重互锁

**图 2-10　三相异步电动机正反转控制电路**

注意，KM1、KM2 不能同时通电，否则会引起主电路电源短路，发生熔断器击穿、多级空气开关跳闸、电机无法工作的严重短路故障，因此必须在这两个相反方向的运行电路中设置互锁环节必须严格避免或排除电源短路。

2）电气互锁的正反转控制电路

如图 2-10（c）所示，在控制电路中将 KM1、KM2 接触器的常闭辅助触点串联到对方线圈电路中，形成相互制约的控制，这样当任一接触器线圈通电时其常闭触点断开保证了另一接触器不可能通电，从而避免了主电路中电源短路事故的发生。KM1、KM2 的此种连接关系称为互锁，又称电气互锁，起互锁作用的两对常闭触点称为互锁触点。在本电路中，要实现由正转到反转或由反转到正转，都必须先按下停止按钮，然后才可进行反向启动，这种电路称为“正—停—反”电路。

3）机械电气双重互锁的正反转控制电路

如图 2-10（d）所示，在电气互锁的基础上增加了按钮互锁又称为机械互锁，即将正反转启动按钮的复合常闭触点串接到对方接触器线圈中，当按下正转或反转启动按钮时会首先断开反向的接触器线圈，才接通正转或反转的线圈，从而实现不用按停止按钮便可正反转切换，此种电路称为“起—反—停”电路。因为该电路具有电气和机械双重互锁，更安全可靠，操作也方便，但只能用于小型电动机控制。

## 2.2.2　三相异步电动机的降压启动控制

三相异步电动机采用全压启动，控制电路简单、经济、操作方便，但当电动机容量超过 10 kW 时，因启动电流较大，线路压降大，负载端电压降低，影响启动电机附近电气设备的正常工作，所以一般采用降压启动。所谓降压启动，是指在启动时降低加在电动机定子绕组上的电压，以达到降低启动电流的目的。待启动起来以后再将电压恢复为额定值，使之在额定电压下运行。因为三相异步电动机的电磁转矩与定子端电压平方成正比，所以，降压启动减小了启动转矩。但降压启动适用于空载或轻载下启动，当电动机启动到接近额定转速的时候，电动机定子绕组的电压必须恢复到额定值，使电动机在常压下运行。

常用降压启动的方法有定子串电阻降压启动、星三角降压启动、自耦变压器降压启动等。

### 1. 定子串电阻降压启动控制电路

图 2-11 所示，为定子电路串电阻降压启动控制电路。这种方法在启动时，在三相定子电路串接电阻，使电动机定子绕电压降低，启动结束后再将电阻短接，电动机即可在全压下运行。电路中使用了时间继电器控制串电阻降压启动控制电路，即自动短接电阻降压启动电路，利用时间继电器延时动作来控制各元件的动作顺序。

图 2-11（a）为主电路，先接通三相电源开关 QS。

图 2-11（b）启动过程：按下启动按钮 SB2 后，接触器 KM1 动合主触点闭合，动合辅助触点闭合自锁；电动机定子绕组串电阻 $R$ 降压启动；与此同时，时间继电器 KT 线圈通电吸合。

全压运行：在接触器 KM 线圈通电的同时，时间继电器 KT 线圈通电，因延时闭合的动合触点使接触器 KM2 不能立即通电，要经过一段延时后，时间继电器 KT 动合触点闭合后才使接器 KM2 线圈通电，接触器 KM2 主触点闭合，同时电阻被短路，使电动机全压运转。

停止：按下停止按钮 SB1 后，控制电路断电，接触器 KM1、KM2 和时间继电器 KT 线圈都断电，电动机停止运行。

该电路缺点：在电动机启动后，接触器 KM1 的和时间继电器 KT 的线圈一直在通电工作，图 2-11（c）为改进后的电路。

图 2-11（c）中，在电动机启动后，只有接触器 KM2 在工作，断开了接触器 KM1 和时间继电器 KT 的线圈，使电动机在全压下投入正常运行。

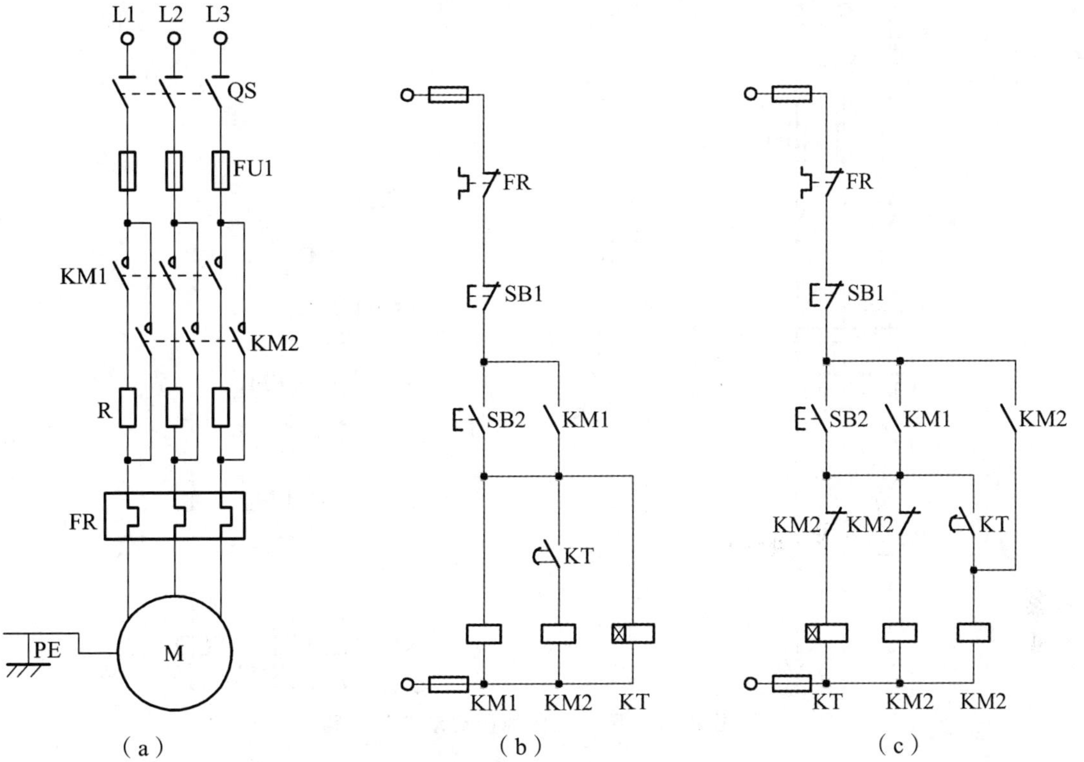


图 2-11　定子电路串电阻降压启动电路

这种启动方式对星形和三角形联结的电动机都适用，其优点在于按时间原则切除电阻，动作可靠；降压启动提高了功率因数，有利于电网。且电阻价格低廉，结构简单，缺点是电阻上功率损耗大，通常用于中小容量电动机不经常启停的场合。

### 2. 星—三角降压启动控制电路

星—三角降压启动控制电路用于正常工作时定子绕组作三角形联结的电动机。

在电动机启动时将定子绕组接成星形，此时每相绕组的电压下降到正常工作电压的$1/\sqrt{3}$（如 380 V 降为 220 V），其启动电流降至全压启动时的 1/3。待启动后按预设的时间将电动机换成三角形联结，使其在全压下运行。此方法简便且经济，启动过程中没有电能消耗，启动转矩较小，但只能空载或轻载启动的设备。

如图 2-12 所示，为星—三角降压启动电路。由三相异步电机基本原理可知，在左边主电路中，当 KM1、KM3 主触点闭合时电机为星形启动过程，当 KM1、KM2 主触点闭合时电机为三角形运行状态。

启动运行：闭合 QS 并按下启动按钮 SB2 后，KM1 通电并自锁，同时 KM3、KT 线圈通电，主电路中 KM1、KM3 主触点闭合电动机接成星形，降压启动，同时时间继电器 KT 延时计时。当电动机转速接近额定转速时，KT 动断触点断开，接触器 KM3 线圈断电，同时 KT 动合触点闭合，接触器 KM2 通电并自锁，电动机接成三角形全压运行。两种接线方式的切换在瞬时完成，接触器 KM2、KM3 动断触点为互锁触点，以防同时接成星形和三角形造成电源短路。

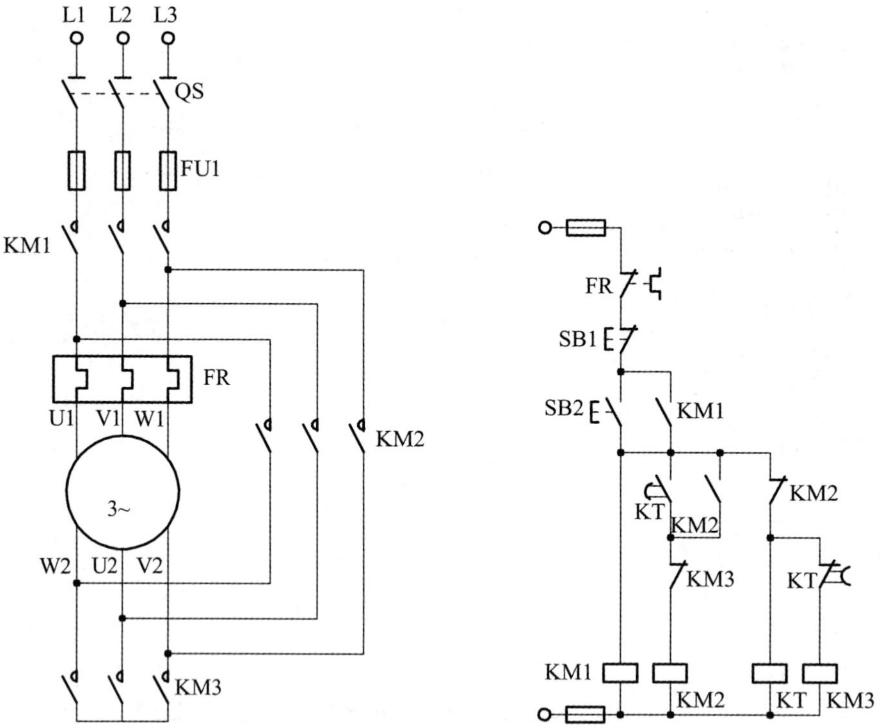


图 2-12　星—三角降压启动控制电路

停止运行：按下停止按钮 SB1，接触器 KM1、KM2 线圈断电，电动机停止运行。

### 3. 自耦变压器降压启动控制电路

当负载容量大、正常运行定子连接成星形而不能采用星形—三角形降压启动时的电动机，则可采用自耦变压器降压启动。

工作原理：在自耦变压器降压启动控制电路中，电动机启动电流的限制是依靠自耦变压器的降压作用来实现来。电动机启动时，其定子绕组得到的电压是自耦变压器的二次电压，一旦启动结束，自耦变压器便被切断，额定电压通过接触器直接加于定子绕组，电动机进入全压运行。

图 2-13 为自耦变压器降压启动电路。KM1 为降压启动接触器，KM2 为全压运行接触器，KA 为中间继电器，KT 为降压启动时间继电器，HL1 为电源指示灯，HL2 为降压启动指示灯，HL3 为正常运行指示灯。

启动运行：接通刀开关 QS，按下启动按钮 SB2，KM1、KT 线圈同时通电并自锁，自耦变压器 ZOB 接通，实现降压启动。当时间继电器 KT 延时时间到时（通过调整 KT 延时时间使此时电机转速接近额定转速），KT 通电延时闭合常开触点，KA 线圈通电并自锁；KA 的常闭触点断开使 KM1、KT 线圈断电，主电路中 KM1 主触点断开，从而自耦变压器从电路断开；KA 的常开触点闭合，使 KM2 通电并保持，主电路中 KM2 主触点闭合，电源电压直接加载到电动机，电动机全压运行。相应的指示灯随亮，随灭。

停止运行：按下按钮 SB1，接触器 KM2 线圈断电，电动机停止运行。

该控制电路对电网的电流冲击小，损耗功率也小，但自耦变压器价格较贵。

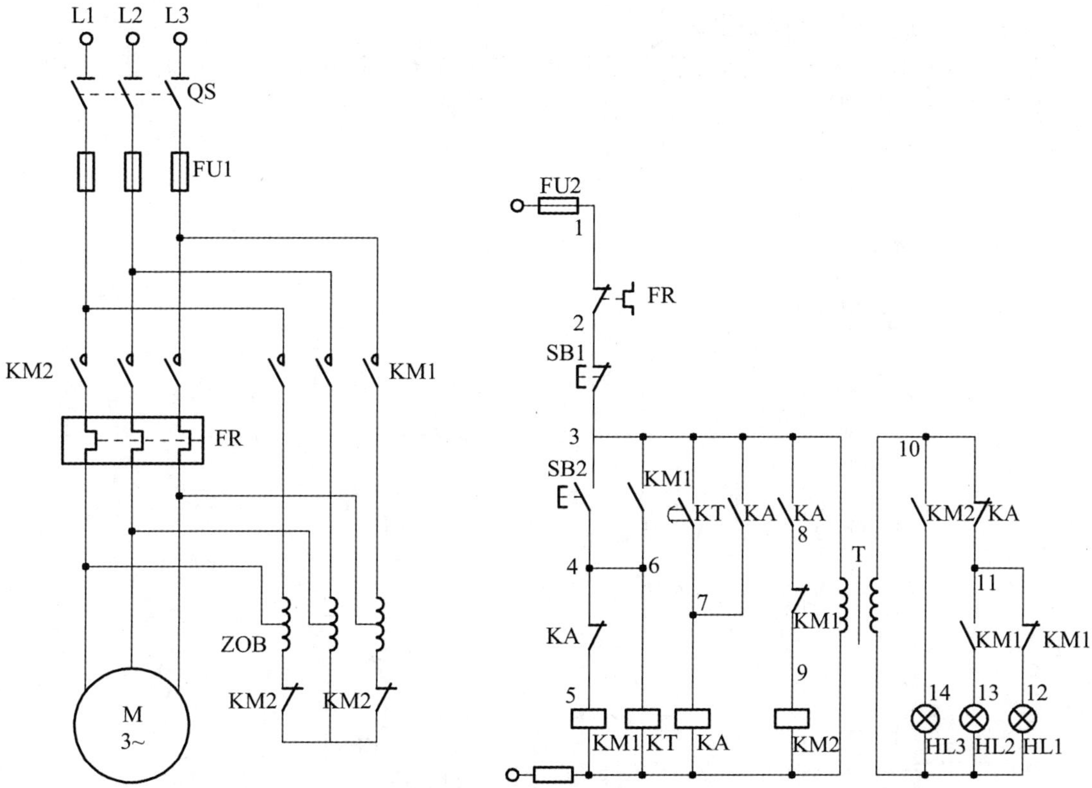


图 2-13　自耦变压器降压启动电路

## 2.2.3　三相异步电动机的制动控制

因为惯性的作用，三相异步电机从切断电源到完全停止转动，必定需要经过一定的时间，这往往不能满足生产机械要求迅速停车的要求，也影响着生产效率。因此应对电动机进行制动控制，一般采用机械制动和电气制动。所谓机械制动是采用机械装置产生机械力来强迫电机迅速停止；而电气制动则是使电机产生与其旋转方向相反的电磁转矩，来起到制动作用。常用的电气制动方法有反接制动、能耗制动等。

### 1. 反接制动控制

1）反接制动工作原理

通过改变异步电动机三相绕组的电源相序，使定子绕组产生反向的旋转磁场，进而使转子受到与旋转方向相反的电磁转矩，从而达到快速停车的制动目的。电源反接制动时，转子与旋转磁场的相对转速接近两倍的同步转速，所以定子绕组中流过的反接制动电流相当于全压直接启动电流的两倍，因此反接制动的制动转矩大、制动迅速、冲击大，通常适用于 10 kW 及以下的小容量电动机。

为了减小冲击电流，通常在笼型异步电动机三相定子绕组电路中串入三相对称电阻，即可以限制反接制动电流又可以限制制动转矩。同时，当电机转速降低到接近零时，必须要及时切断反相序电源，以防电动机反方向启动，通常用速度继电器来检测电动机转速并控制其反相序电源的断开。

2）单向运行反接制动控制电路

如图 2-14 所示，为电动机单向运行反接制动控制电路。图中 KM1 为单向运行接触器，KM2 为反接制动接触器，KS 为速度继电器，$R$ 为反接制动电阻。

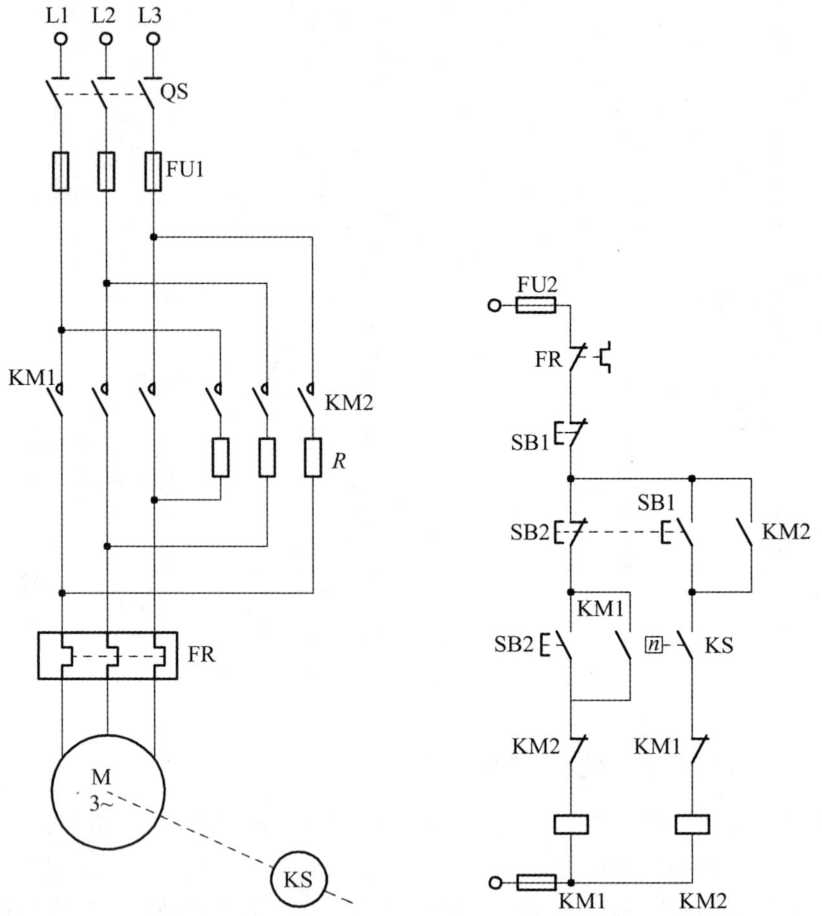


**图 2-14　电动机单向运行反接制动控制电路**

启动与运行：接通刀开关 QS，按下启动按钮 SB2，KM1 线圈通电并自锁，主触点闭合，电动机全压启动。当与电动机有机械连接的速度继电器 KS 转速超过 120 r/min 时，其对应触点闭合，为反接制动做准备。

制动与停止时：按下停止按钮 SB1，SB1 常闭触点断开，使 KM1 线圈断电释放，其主触点断开，切断了电动机原相序三相电源，但电动机仍因惯性高速转动。同时，当停止按钮 SB1 按下到位时，其常开触点闭合，使 KM2 线圈通电（此时 KS 常开触点已闭合）并自锁，电动机定子串入三相对称电阻接入反相序交流电源进行反接制动，其转速迅速下降。当转速下降到 KS 的释放转速（大约 100 r/min）时，KS 触点复位，常开触点断开，从而 KM2 线圈断电，触点释放，主触点断开电动机反相序交流电源，反接制动结束，电动机制动停止。

## 2. 能耗制动

1）能耗制动工作原理

能耗制动是在断开电动机三相电源后，迅速在定子绕组任意两相加一直流电压，使定子绕组产生一个恒定的磁场，利用转子感应电流与静止磁场的作用产生制动电磁转矩，实现制动。当转子转速接近于零时，及时切除直流电源。

能耗制动比反制动所消耗的能量少，但制动效果不如反接制动。能耗制动效果与电动机转速和加入定子绕组的直流电流有关，当转速一定时，直流电流越大，制动效果越好。能耗制动通常用于电动机容量较大、要求制动平稳和制动频繁的场合。

电路中常用的控制参量有电流、时间、速度等，如在能耗制动过程中，这三个量都在变化，可根据具体情况选择使用。用时间作参量，控制电路简单，实际采用较多，如图 2-15 为电动机单向运行时间原则能耗制动控制电路。

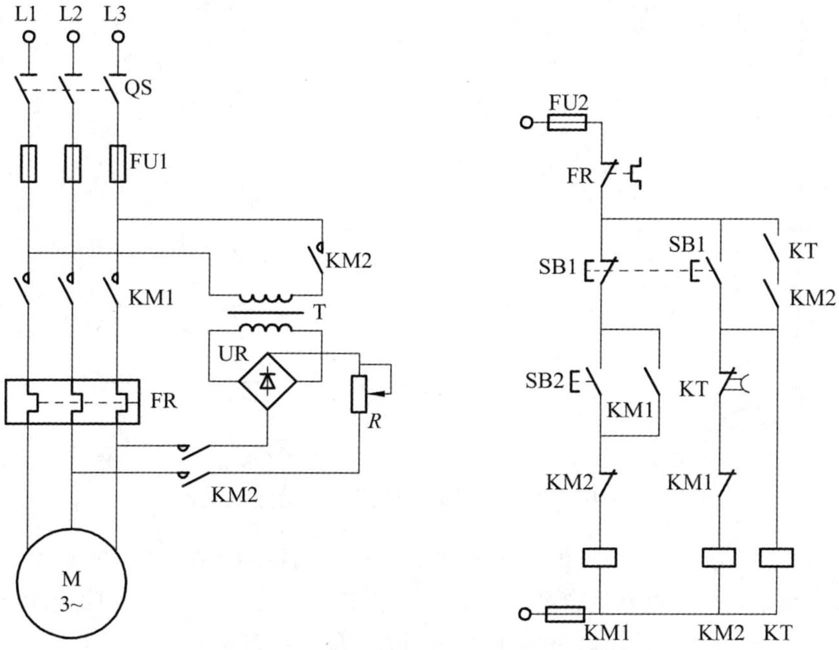


图 2-15　电动机单向运行时间原则能耗制动控制电路

2）单向运行能耗制动控制电路

图 2-15 为电动机单向运行时间原则能耗制动控制电路，图中接触器 KM1 为单向运行，接触器 KM2 用来实现能耗制动，T 为整流变压器，UR 为桥式整流电路，KT 为时间继电器。

工作过程：接通刀开关 QS，按下启动按钮 SB2，接触器 KM1 通电，电动机 M 启动运行。

制动停止：按下复合按钮 SB1，其常闭触点断开、KM1 线圈断电，KM1 主触点断开，电动机断开三相交流电源；同时 SB1 复合按钮常开触点闭合，接触器 KM2 和时间继电器 KT 线圈通电并自锁，KM2 主触点闭合将电动机定子绕组接入直流电源进行能耗制动，电动机转速迅速降低。经过时间整定，当通电延时型时间继电器 KT 的延时时间到时，电机转速接近零，此时 KT 延时断开常闭触点动作，使 KM2、KT 线圈相继断电，其触点释放，能耗制动结束。

3）可逆运行能耗制动控制电路

图 2-16 为基于速度原则的电动机可逆运行能耗制动电路，图中 KM1、KM2 为正反转控制接触器，KM3 为能耗制动接触器，T 为降压变压器，VC 为整流桥堆，KS 为速度继电器。其中，T 将交流电降压后供给桥堆 VC 进行整流，VC 输出直流电，经过 KM3 主触点接入电动机两相定子绕组进行能耗制动。

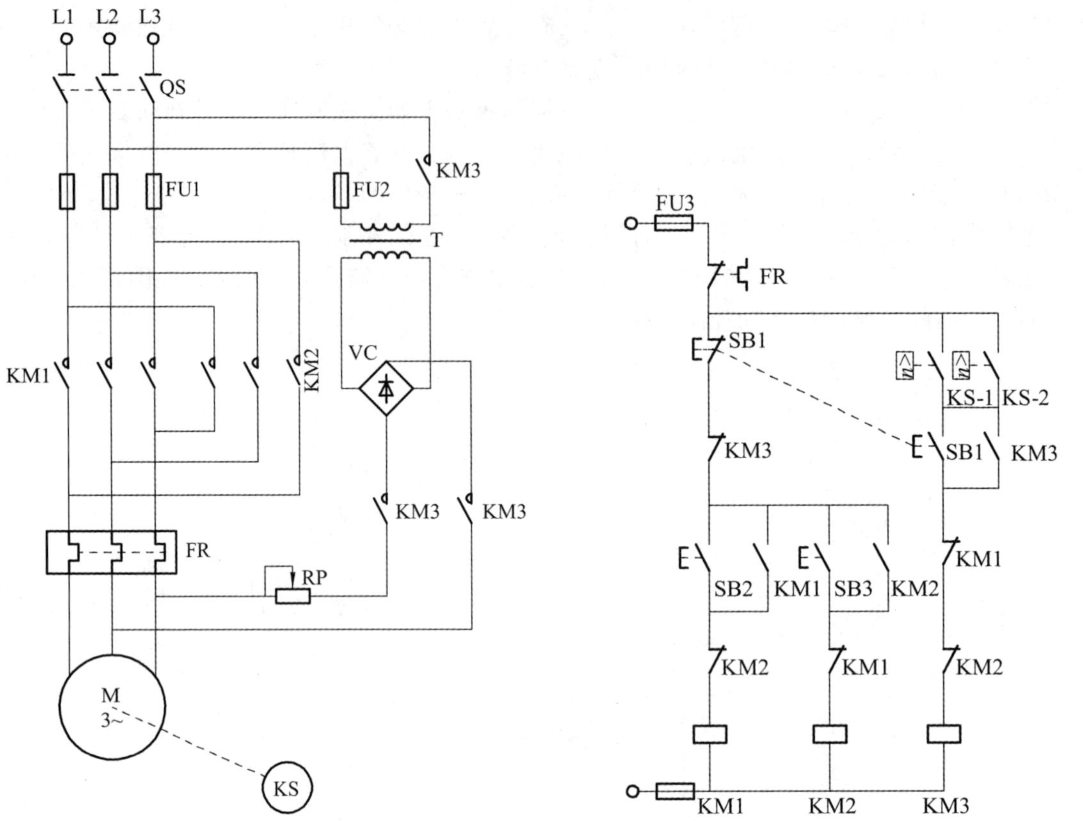


图 2-16　电动机可逆运行能耗制动控制电路

启动运行：接通刀开关 QS，根据需要按下正转启动按钮 SB2 或反转启动按钮 SB3，相应的 KM1 或 KM2 接触器通电吸合并自锁，电动机按相应方向转动。此后速度继电器正反向触点 KS-1、KS-2 闭合，为停车时的接通 KM3 进行能耗制动做准备。

制动停止：无论电机正转或是反转，当需要停机时，按下停止按钮 SB1，保证了 KM1 或 KM2 线圈断电，相应触点复位，主电路中电动机三相交流电源断开；当 SB1 按压到位时，KM3 线圈通电吸合并自锁，电动机定子接入直流电源进行能耗制动，电机转速迅速降低，当转速下降到低于 100 r/min 时，速度继电器释放常开断开，从而使 KM3 线圈断电释放，断开直流电源，能耗制动结束，电动机停止运行。

## 2.2.4　电气控制的其他典型控制环节

### 1. 多地控制电路

在一些大型机床上，为了操作方便，操作人员可以在不同方位进行操作与控制。多地点控制是用多组启动按钮和停止按钮的串并连接实现的，其启动按钮用常开、并联连接，停止按钮用常闭、串联连接。这样任何一个常开启动按钮闭合都可启动电路，任何一个常闭停止按钮断开都可断开电路。

图 2-17 所示为三地控制电路，若电动机要启动，按下按钮 SB2、SB4、SB6 任何一个均可启动；若要停止，按下 SB1、SB3、SB5 任何一个均可停止。

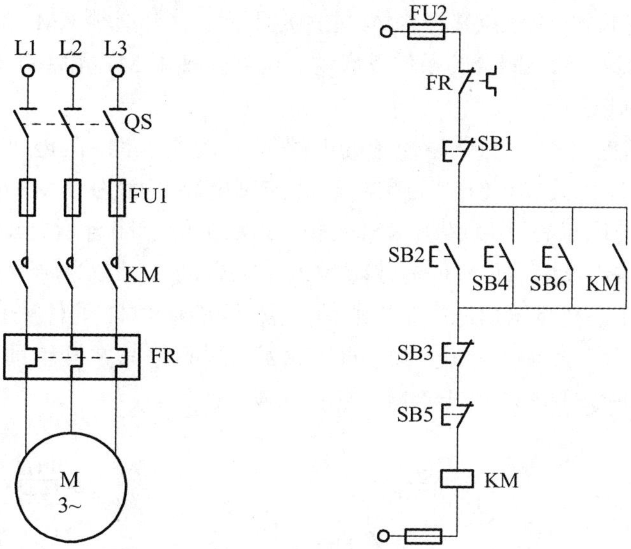


图 2-17　三地启动和三地停止控制电路

**2. 顺序控制电路**

在实际工业生产中，因为工艺或机械设备本身的原因，往往要求其上的多台电机的启动、停止必须按照一定的先后顺序进行，即顺序控制。简单的顺序控制可以在主电路中实现，但更多的是在控制电路中实现。如在机床中要求润滑电机启动后，主轴电机才能启动。

1）顺序启动控制电路

如图 2-18 所示，为主电路实现顺序启动。电动机 M1、M2 分别由接触器 KM1、KM2 控

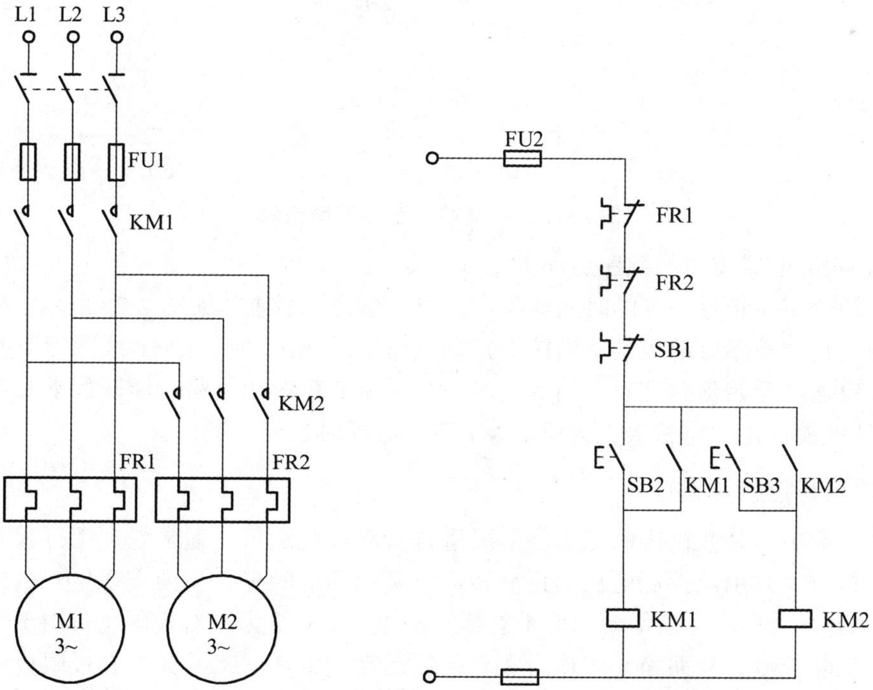


图 2-18　主电路实现两电动机顺序启动电路

制，但是电机 M2 通过 KM2 主触点接在 KM1 主触点下面，这样必须 KM1 通电即 M1 电机启动后电机 M2 才可能在 KM2 主触点闭合的条件下启动，也就实现了 M1 先启动 M2 才能启动的控制。

2）顺序启停控制电路

图 2-19 为在控制电路中实现顺序控制的电路，(a)为主电路，两电机分别由 KM1 和 KM2 控制，彼此独立没有任何关联。(b)为顺序启动控制电路，因为 KM2 线圈所在支路前面串接了 KM1 的常开辅助触点，所以必须 KM1 通电其常开触点闭合后，KM2 才能通过 SB4 按钮通电，电机 M2 才能启动，即 M1 先启动 M2 才能启动。(c)为顺序启动逆序停止控制电路，在(b)图的基础上又将 KM2 的常开辅助触点并联到 KM1 的停止按钮 SB1 的两端，这样当两电机全部启动后，必须先停止 M2，即 KM2 线圈断电其常开辅助触点才会断开，这时按下 KM1 的停止按钮 SB1 才能停止 KM1 即电机 M1 停止。

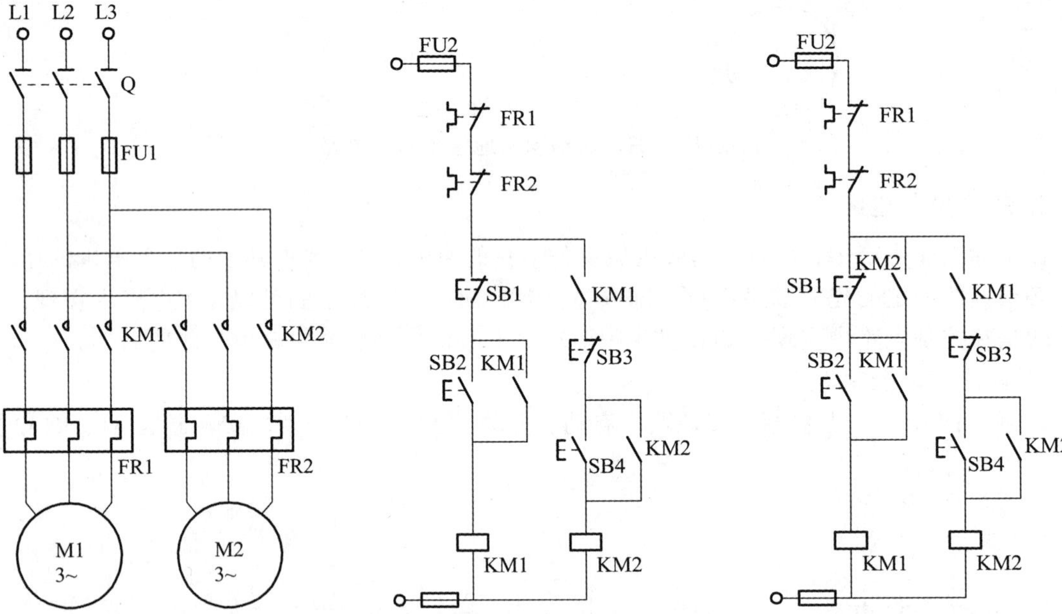


(a) 主电路　　(b) 顺序启动　　(c) 顺序启动逆序停止

**图 2-19　两电动机顺序控制电路**

3）用时间继电器控制的顺序启动电路

在有些场合需要经过一定的时间间隔实现自动的顺序控制，如图 2-20 所示，为通过时间继电器控制的自动顺序启动控制。当按下控制电路中的 SB2 时，KM1 线圈得电并自锁，同时 KT 线圈也通电开始延时计时，当延时时间到后 KT 延时闭合瞬时断开的常开触点闭合，从而使 KM2 线圈通电，电机 M2 实现了 M1 启动后延时自动启动。

### 3. 自动循环控制电路

在实际生产中，某些机床的工作台需要进行自动往复运行。通常是利用行程开关来控制往复运动的行程，并由此控制电机的正反转或电磁阀的通断电，从而实现生产机械的自动往复。如图 2-21（a）所示，工作台上面带有撞块，SQ1、SQ2 为左右极限位，用于切换电路实现电机的正反转控制，从而拖动工作台实现往复运动。SQ3、SQ4 为左右极限位保护，如果 SQ1、SQ2 出现故障可以停止电机运转。

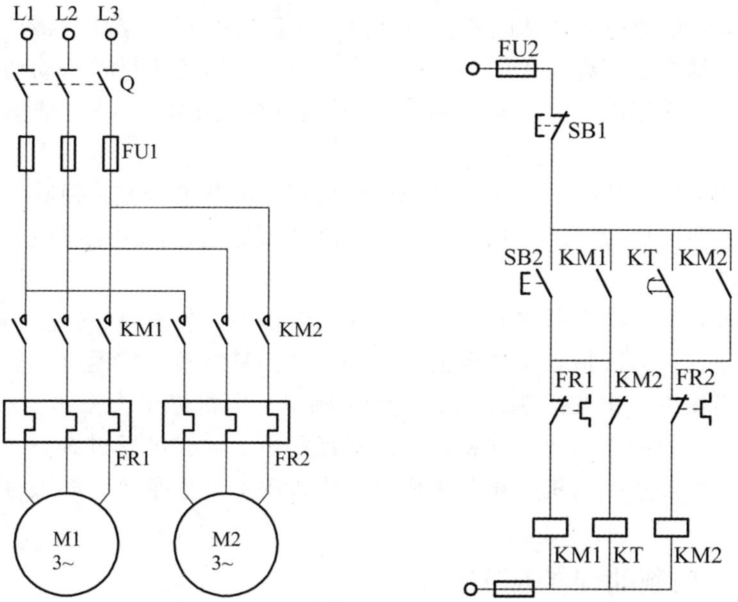


图 2-20　时间继电器控制的顺序启动电路

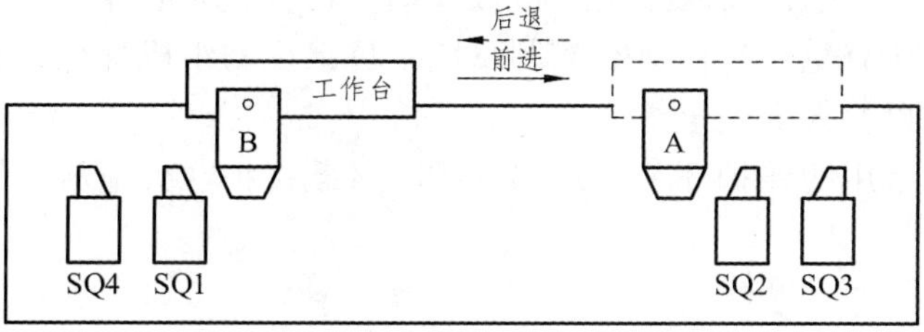


（a）自动往复循环运动示意图

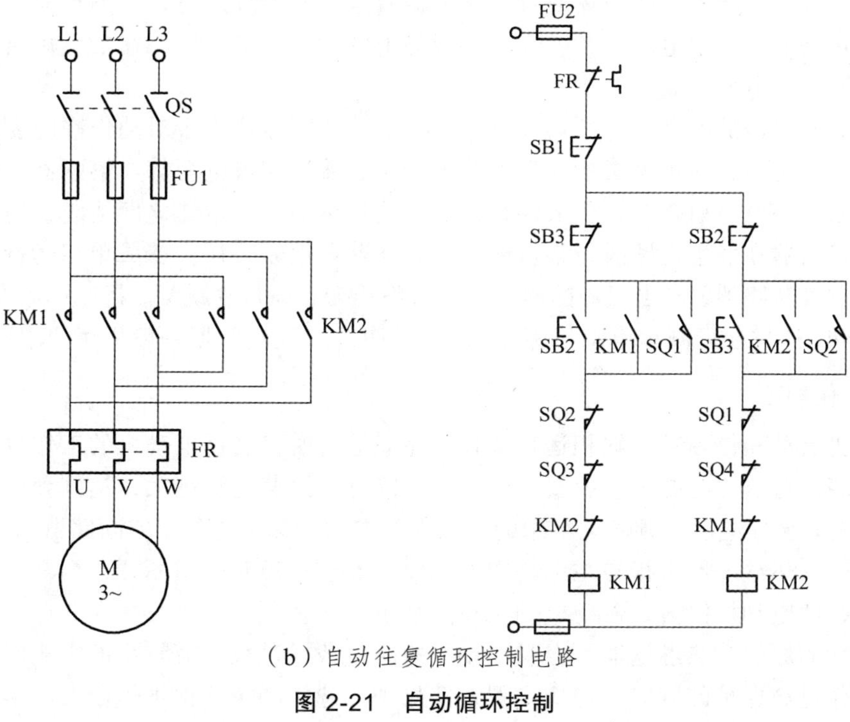


（b）自动往复循环控制电路

图 2-21　自动循环控制

图 2-21（b）为自动往复运动电路，主电路为正反转控制，控制电路是在双重互锁正反转控制电路基础上增加了行程开关的触点，来实现电机运转后正反转自动切换的功能。

正向启动运行：接通刀开关 QS，并按下正转启动按钮 SB2，KM1 线圈通电并自锁，此时电机正转前进。

反向运行：当移动到位时，工作台上的撞块压到限位开关 SQ2，使其常闭触点断开、常开触点闭合，前者使 KM1 线圈断电，后者使 KM2 线圈通电，从而电机由正转变为反转，拖动工作台向后运动。

再次正向运行：当工作台后移到位时，撞块碰触 SQ1，使 KM2 断电、KM1 通电，于是电机由反转变为正转，再次拖动工作台前进。如此周而复始实现往返工作。

停止过程：当按下停止按钮 SB1 时，接触器断电、电机停止、工作台停下。如果 SQ1、SQ2 因故失灵，电机换向无法实现并将超过左右极限位，此时可通过 SQ3、SQ4 使相应接触器的线圈断电，从而停止电动机，避免工作台移出极限位发生事故，即限位保护。

### 2.2.5 电气控制的保护环节

在电气控制系统中，除需要满足生产机械长期、正常、无故障地运行外，还需要各种保护措施。保护环节是所有生产机械电气控制系统不可缺少的组成部分。它用来保护电动机、电网、电气控制设备以及人身安全等。

电气控制系统中常用的保护环节有短路保护、过载保护、欠电压保护、零电压保护、过电流保护及超速保护等。

#### 1. 短路保护

当电动机绕组导线的绝缘损坏或者控制电器及电路发生故障时，若不迅速切断电源，会产生很大的短路电流，使电动机、电器、导线等电气设备损坏。因此在发生短路故障时，保护电器必须迅速将电源切断。

通常用的短路保护电器是熔断器和空气断路器。熔断器适用于对动作准确度和自动化程度要求不高的系统中，如小容量的笼型异步电动机、普通交流电源等。熔断器的熔体与被保护的电路串联，当电路短路时，很大的短路电流流过熔体，使熔体立即熔断，切断电动机电源。另外，熔断器在发生短路时，很可能仅一相熔断器熔断，还会造成单相运行。如果电路中接入的是空气断路器，当出现短路时，空气断路器会立即自动跳闸，将三相电源同时切断，使电动机停转，这样还可减少电动机断相运行的隐患。空气断路器一般用于要求较高的场合。

#### 2. 过载保护

当电动机启动操作频繁、缺相运行或长期超载运行时，会使电动机的工作电流超过允许值，电动机绕组过热，绝缘材料就要变脆，寿命降低，过载电流越大，达到允许温度的时间就越短，严重时会使电动机损坏。常用的过载保护电器是热继电器（或断路器），当电动机过载电流较大时，热继电器串接在主电路中的动断触点会在短时间内断开，切断控制电路和主电路的电源，使电动机停转，避免电动机在过载下运行。

因热惯性的原因，热继电器不会受电动机短时过载或过载电流较小的影响而动作。在使用热继电器作过载保护的同时，还应设置短路保护。选用的短路保护熔断器的熔体的额定电流不应超过热继电器驱动元件的额定电流的 4 倍。

**3. 欠电压保护**

欠电压保护是指当电网电压下降到某一数值时，电动机便在欠电压下运行，电动机转速下降，接触器电磁吸力将小于复位弹簧的反作用力，动铁心被释放，带动主触点、自锁触点同时断开，自动切断主电路和控制电路，电动机断电停转，避免了电动机因欠电压运行而损坏。

一般当电网电压降低到额定电压的 85%以下时，接触器或电压继电器动作，切断电动机主电路和控制电路电源，使电动机停转。

**4. 零电压保护**

零电压保护是指电动机在正常运行中，当电网因某种原因突然停电时，能自动切断电动机电源；当电源电压恢复正常时，电动机不会自行启动。

如果电源电压恢复时，操作人员忘记切断电源，电动机就会自行启动，这样就有可能造成设备损坏及人身伤亡事故。而且，电网上有许多电动机，同时自行启动会引起很大的过电流及电压降。因此为防止电压恢复时电动机自行启动，必须采取零电压保护。通常采用电压继电器来进行零电压和欠电压保护。

**5. 过电流保护**

不正确的启动和过大的负载转矩常常引起电动机过电流。过电流保护主要用于直流电动机或绕线转子异步电动机。过电流保护通常采用过电流继电器和接触器配合使用。

过电流比短路电流要小，在电动机运行中产生过电流的可能性要比发生短路的可能性更大，特别是在频繁启动和正/反转重复短路时工作的电动机中更是如此。在直流电动机和绕线转子异步电动机电路中，过电流继电器起着短路保护的作用。通常过电流的动作值为启动电流的 2 倍左右。

**6. 超速保护**

当机械设备运行速度超过规定允许的速度时，将会造成设备损坏，甚至还会造成人身危险，所以要设置超速保护装置来控制电动机转速或及时切断电动机电源。

除上述保护外，控制系统中还有行程保护、油压保护、油温保护及互锁控制等，一般是利用控制电路中的动合触点或动断触点来实现对电路的电源控制。

## 2.3　典型机床控制电路分析

### 2.3.1　电气控制电路分析的内容与方法

电气控制电路分析的基本思路是“先机后电、先主后辅、化整为零、集零为整，统观全局、总结特点”。

**1. 电气控制电路分析的内容**

电气控制电路是电气控制系统的核心技术资料，通过对技术资料的分析可以掌握机床电气控制电路的工作原理、技术指标、使用方法和维护要求等。分析的具体内容和要求如下：

1）设备说明书

设备说明书由机械（包括液压部分）与电气两部分组成。在分析时首先要阅读说明书，了解以下内容：

（1）设备的构造，主要技术指标，机械、液压和气动部分的工作原理。

（2）电气传动方式，电动机、执行电器的数目、规格型号、安装位置、用途及控制要求。

（3）设备的使用方法，各操作手柄、开关、旋钮、指示装置的布置以及在控制电路中的作用。

（4）了解与机械、液压部分直接关联的电器（行程开关、电磁阀、电磁离合器、电感器等）的位置、工作状态及与机械、液压部分的关系和在控制中的作用。

2）电气控制原理图

这是分析机床控制电路的核心内容。在分析电气原理图时，必须阅读其他技术资料，通过阅读设备说明书才能了解各种电动机及执行元件的控制方式、位置及作用，各种与机械有关的行程开关和主令电器的状态等。

在电气原理图分析中还可以通过所选用的电气元器件的技术参数，分析出控制电路的主要参数和技术指标，估算出各部分的电流、电压值，以便在调试及检修设备中合理地选用仪表。

3）电气设备总装接线图

阅读分析电气设备总装接线图，可以了解系统的组成分布状况、各部分的连接方式、主要电气部件的布置和安装要求、导线和穿线管的规格型号等。这是安装设备不可缺少的资料。阅读分析电气设备总装接线图要和阅读分析设备说明书、电气原理图结合起来。

4）电气元器件布置图与接线图

这是制造、安装、调试和维护电气设备必须具备的技术资料。在调试和检修中可通过布置图和接线图方便地找到各种电气元器件和测试点，进行必要的调试、检测和维修保养。

**2. 机床电气控制系统的分析步骤**

在详细阅读设备说明书，了解电气控制系统的总体结构、电动机和电气元器件的分布状况及控制要求等内容后，便可以阅读分析电气原理图了。

1）机床运动分析

根据机床的运动要求，画出功能流程图，以及液压系统工作状态图等。

2）主电路分析

确定动力电路中用电设备的数目，接线状况，从主电路入手，根据每台电动机和执行电器的控制要求去分析它们的控制内容、动作要求，如交流接触器主触头的位置，各组主触头的分、合情况，限流电阻的接入和短接情况等。控制内容包括启动、转向控制、调速和制动等。

3）控制电路分析

根据主电路中各种电动机和执行电器的控制要求，逐一找出控制电路中的控制环节，按功能不同将控制电路“化整为零”来进行分析。其控制电路的分析方法通常是由上而下或从左到右，分析时假想按下操作按钮，跟踪控制电路，观察有哪些电气元件受控动作。

4）辅助电路分析

辅助电路包括电源指示、各执行元件的工作状态显示、参数测定、照明和故障报警等部分，它们大多由控制电路中的元器件来控制，因此在分析辅助电路时，要结合控制电路进行分析。

5）联锁及保护环节分析

机床对于安全性及可靠性有很高的要求，为实现这些要求，除了合理地选择拖动和控制方案外，在控制电路中还设置了一系列电气保护和必要的电气联锁。

6）总体检查

经过“化整为零”，逐步分析了每一局部电路的工作原理以及各部分之间的控制关系，还必须用“集零为整”的方法，检查整个控制电路，以免遗漏，特别要从整体角度去逐步检查和理解各控制环节之间的联系，清晰地理解原理图中每一个电气元器件的作用、工作过程及主要参数。

## 2.3.2　普通卧式车床的电气控制电路分析

### 1. 主要结构与运动分析

1）普通卧式车床的主要结构

在金属切削机床中，车床所占的比例最大，而且应用也最广泛。车床能够车削外圆、内孔、端面、螺纹等，并可用钻头、铰刀等刀具对工件进行加工。普通车床的结构形式如图 2-22 所示，主要由主轴变速箱、挂轮箱、进给箱、溜板箱、尾座、滑板与刀架、光杠与丝杠等部件组成。

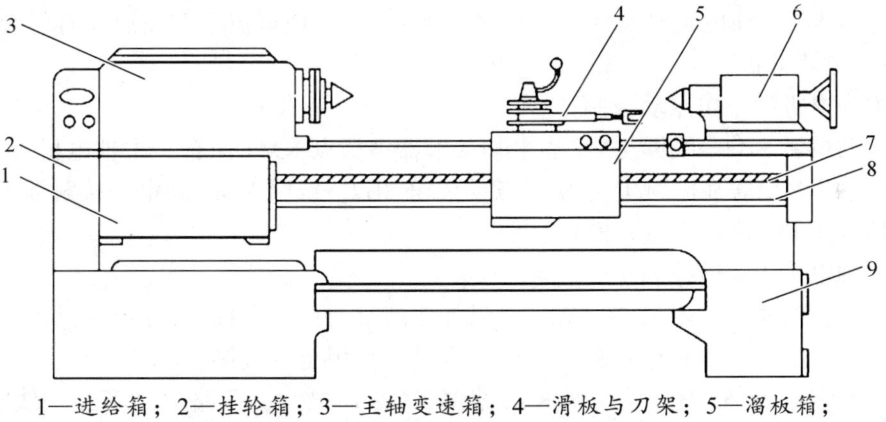


1—进给箱；2—挂轮箱；3—主轴变速箱；4—滑板与刀架；5—溜板箱；6—尾座；7—丝杠；8—光杠；9—床身。

图 2-22　普通卧式车床结构示意图

2）卧式车床运动及控制分析

（1）主运动：车削加工的主运动是工件的旋转运动，由主轴通过卡盘或顶尖带动工件的旋转运动。车削加工时，根据工件材料、刀具种类、工件尺寸和工艺要求等来选择不同的切削速度，这就要求主轴能在相当大的范围内调速。在相当大的范围内调速。目前大多数中小型车床采用三相笼型异步电动机拖动，主轴的变速是靠齿轮箱的机械有级调速来实现的。

车削加工时，一般不要求反转，但在车螺纹时，为避免乱扣，要反转退刀。通过主电动机的正反转可实现主轴的正反转。

（2）进给运动：进给运动时溜板箱带动刀架做纵向或横向直线运动。在加工螺纹时，为保证螺纹的加工质量，要求工的旋转速度与刀具的移动速度之间具有严格的比例关系，为此，卧式车床溜板箱与主轴变速箱之间通过齿轮传动来连接，用同一台电动机拖动。

有些大中型车床为了提高效率，减轻工人劳动强度，其溜板箱的纵向快速移动是由单独一台电动机拖动，并根据使用需要，可随时拖动控制启停。

（3）辅助运动：是指刀架的快速移动及工件的加紧与放松。

（4）冷却系统：一般车床的冷却系统，由一台不调速、单向旋转的三相异步电动机拖动冷却泵，供给刀具切削时使用的冷却液。

**2. 电气控制电路分析**

以 C650 卧式车床为例，其电气控制原理图如图 2-23 所示。

1）主电路分析

（1）主轴电机 M1：其主电路接线分为三部分，第一部分由正反转接触器 KM1、KM2 构成正反转控制电路；第二部分由电流表 A 、电流互感器 TA、时间继电器 KT 构成，用于检测运行电流的大小；第三部分由接触器 KM3、限流电阻 $R$ 以及速度继电器 KS 构成，用于反接制动。

（2）冷却泵电机 M2：由接触器 KM4 控制。

（3）快速移动电机 M3：由接触器 KM5 控制。

为了保证主电路的正常运行，主电路中设置了采用熔断器的短路保护环节和采用热继电器的电动机过载保护环节。另还设置了电流表保护环节，当主轴电机正反转启动时，电流表被时间继电器 KT 的通电延时断开触点短接，延时接入，使电流表避免启动时的大电流冲击。

2）控制电路分析

（1）主轴电机的正转点动控制：

按下点动按钮 SB2→线圈 KM1 通电→接触器主触点 KM1 闭合→主轴电机 M1 降压正向点动（限流电阻 $R$ 串联在电路中）。松开点动按钮 SB2→线圈 KM1 断电→接触器主触点 KM1 断开→主轴电机 M1 停转，点动停止。

（2）主轴电机正反转控制：

该主轴电机的额定功率为 30 kW，但只是切削时消耗功率较大，启动时负载很小，启动电流并不很大，所以在非频繁点动的一般工作时，采用全压直接启动。

按下正转启动按钮 SB3→ 线圈 KT、线圈 KM3 通电→主回路 $R$ 被旁路→线圈 KA 通电→线圈 KM1 通电并自锁→电机 M1 全压正转启动。启动完毕，KT 延时时间到→电流表 PA 接通检测主轴电机运行电流。当主轴转速大于 100 r/min 时，速度继电器 KS 的 KS-1 触点接通。

按下反转启动按钮 SB4→线圈 KT、线圈 KM3 通电→主回路 $R$ 被旁路→线圈 KA 通电→线圈 KM2 通电自锁→电机 M1 全压反转启动。

（3）主轴电机正转停止反接制动：

C650 车床采用反接制动方式，用速度继电器 KS 进行检测与控制。

当电机 M1 正转需制动时，按下停车按钮 SB1→线圈 KM1、KT、KM3、KA 断电，电机断电，在惯性作用下继续旋转，在电机速度大于 100 r/min 之前，KS-1 是接通的。松开 SB1→线圈 KM2 通电（经 KS-1）→电机 M1 串 $R$ 反接制动→$n$<100 r/min 时→KS-1 断开，线圈 KM2 断电，切断反接电源，电机 M1 停止转动。

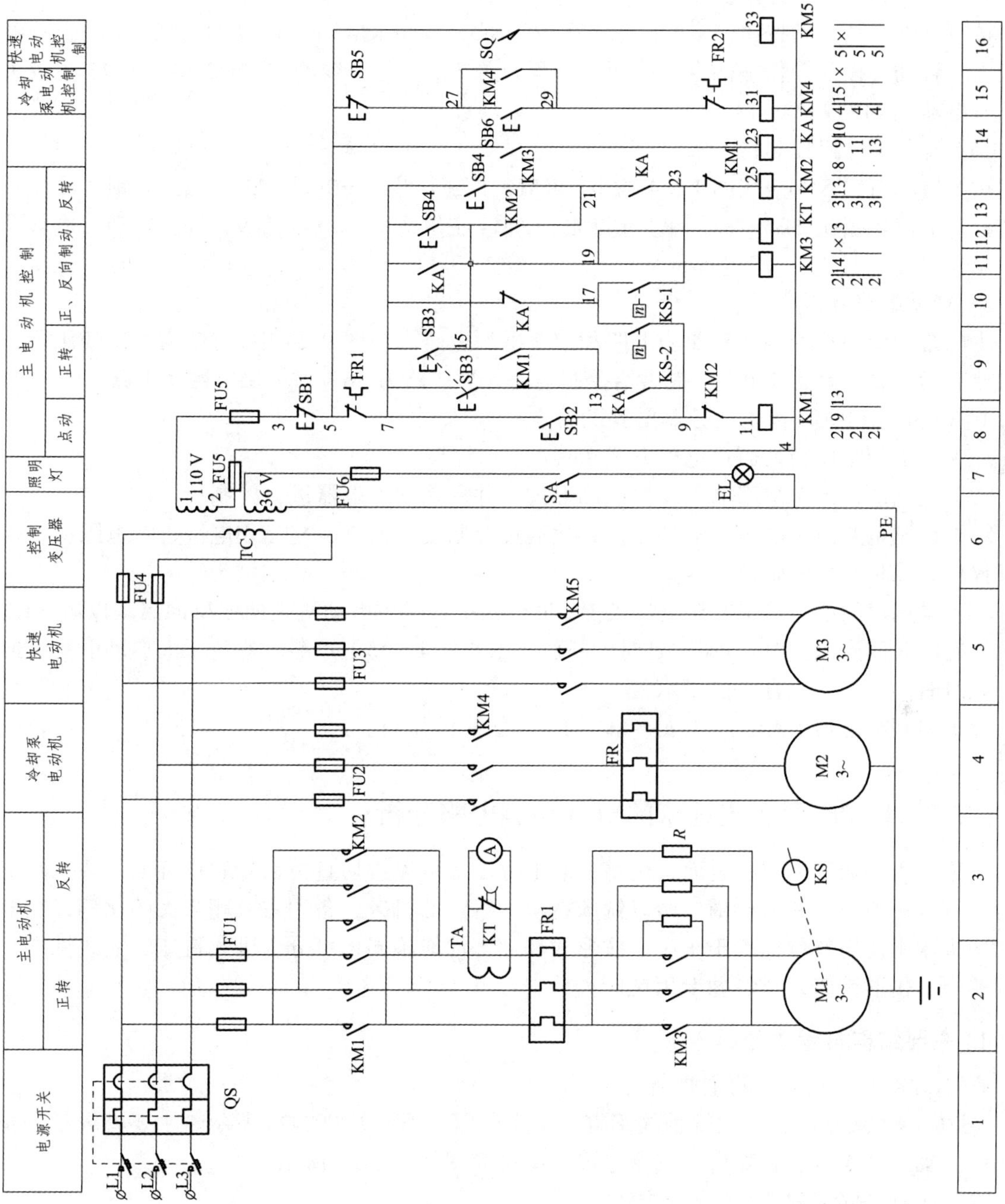


图 2-23　C650 车床控制电路

当电机 M1 反转需制动时，按下停车按钮 SB1→线圈 KM1、KT、KM3、KA 断电，在电机速度大于 100 r/min 之前，KS-2 接通。松开 SB1→KM1 线圈通电（经 KS-2）→电机 M1 串 $R$ 反接制动→$n$<100 r/min 时→KS-1 断开，KM1 线圈断电，切除反接电源，电机 M1 停止转动。

（4）快速移动电机控制：

按下操作手柄点动按钮，压下位置行程开关 SQ→线圈 KM5 通电→KM5 主触头闭合→电动机 M3 转动。松开操作手柄点动按钮，行程开关 SQ 断开→线圈 KM5 断电→KM5 主触头断开→电动机 M3 停止。

（5）冷却泵电机控制：

按下启动按钮 SB6→线圈 KM4 通电→KM4 主触头闭合→电机 M2 启动并自锁，冷却泵工作。按下停止按钮 SB5→线圈 KM4 断电→KM4 主触头断开→电机 M2 停止转动，冷却泵停止工作。

3）辅助电路分析

本电路图中的辅助电路有照明电路和控制电源电路。在图 2-23 中，TC 为控制变压器，二次侧有两路，一路为 110 V，提供给控制电路；另一路为 36 V，提供给照明电路。

4）C650 型卧式车床电气控制电路的特点

（1）主轴的正反转是通过电气方式实现的。

（2）主电动机停车采用电气反接制动形式，并用速度继电器进行控制。

（3）控制电路由于电气元器件较多，故通过控制变压器 TC 与三相电网进行电隔离，提高了操作和维护时的安全性。

（4）采用时间继电器 KT 对电流表 PA 进行保护。当主电动机正向或反向启动以后，KT 通电，延时时间尚未到时，PA 被延时动断触头 KT（34 ~ 35）短路，避免了大启动电流的冲击，延时时间到后，才有电流指示。

（5）中间继电器 KA 起着扩展接触器 KM3 触头的作用。

### 2.3.3 K52K 型立式铣床的电气控制电路分析

铣床可用来加工平面、斜面、沟槽，装上分度头可以铣切直齿齿轮和螺旋面，装上圆工作台还可以铣切凸轮和弧形槽，所以铣床在机械行业的机床设备中占有相当大的比例，在金属切削机床中使用数量仅次于车床，按形式和加工性能不同，可分为卧式铣床、立式铣床、龙门铣床、仿形铣床以及各种专用铣床。

#### 1. 主要结构与运动分析

1）X52K 型立式铣床的主要结构

X52K 型立式铣床，其主轴轴线垂直于工作台面，外形如图 2-24 所示。主要有床身、立铣头、主轴、工作台、升降台、底座组成。结构简图如图 2-25 所示。

（1）床身：固定和支承铣床各部件。

（2）立铣头：支承主轴，可左右倾斜一定角度。

（3）主轴：空心轴，前端为精密锥孔，用于安装铣刀并带动铣刀旋转。

（4）工作台：承载、装夹工作，可纵向和横向移动，还可水平转动。

图 2-24　X52K 型立式铣床外形图

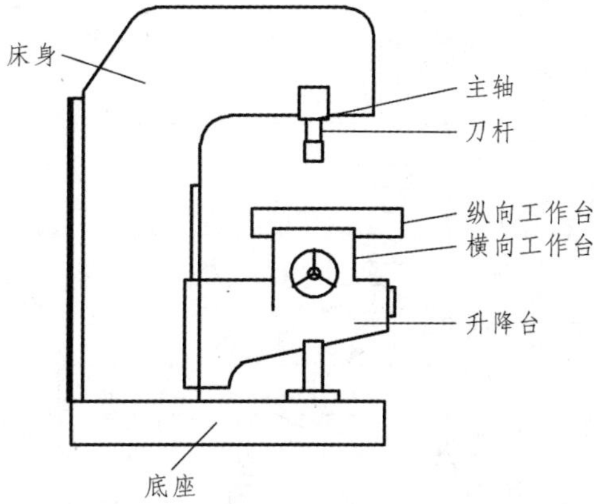


图 2-25　X52K 型立式铣床结构简图

（5）升降台：通过升降丝杆支承工作台，可以使工作台垂直移动。

（6）变速机构：主轴变速机构在床身内，使主轴有 18 种转速，进给变速机构在升降台内，也可提供 18 种进给速度。

（7）底座：支承床身和升降台，底部可存储切削液。

2）运动分析

（1）主运动：铣床的主运动是指主轴带动铣刀的旋转运动。铣床加工有顺铣和逆铣两种加工方法，因此要求主轴能实现正/反转，根据铣削工艺要求，铣削方向定了，不需要经常改变方向，所以一般采用转换开关来选择主轴旋转方向。

（2）进给运动：铣床的进给运动是指工作台的前后（横向）、左右（纵向）和上下（垂直）六个方向的运动，或工作台的旋转运动。由一台电动机拖动，在任一时刻只能接通一个方向的传动，由操作手柄实现机电联合控制，通过改变电动机的转向来实现进给方向的改变。为了避免损坏刀具或工作，主运动和进给运动必须实现顺序控制。

（3）辅助运动：指工作台在进给方向的快速运动、旋转运动等。

### 2. 电气控制电路分析

如图 2-26 所示为 X52K 型立式铣床的电气控制电路图。X52K 型立式铣床装有 3 台电动机，M1 为主电动机，由转换开关 SA5 选择主轴旋转方向，停车时采用电磁离合器制动；M2 为工作进给电动机，它驱动工作台上下、左右、前后六个方向的进给运动和快速运动。快速移动通过电磁离合器接通快速传动链来实现。M3 为冷却泵电动机。主运动与进给运动的变速，采用孔盘变速机构，变速手柄动作过程中通过凸轮压动行程开关，使电动机得到瞬时点动，以利于变速齿轮的顺利啮合。其 X52K 型立式铣床开关说明如表 2-3 所示。

主要元器件说明：

M1：主轴电动机；M2：进给电动机；M3：冷却泵电动机；U：桥式整流器；

KM1：M1 启停接触器；KM2、KM3：M2 正反转接触器；KM4：快速移动接触器；

SA11、SA12、SA13：圆工作台转换开关；SA21、SA22：主轴换刀制动开关；

SA3、SA4：转换开关；SA5：主轴电动机转换开关；

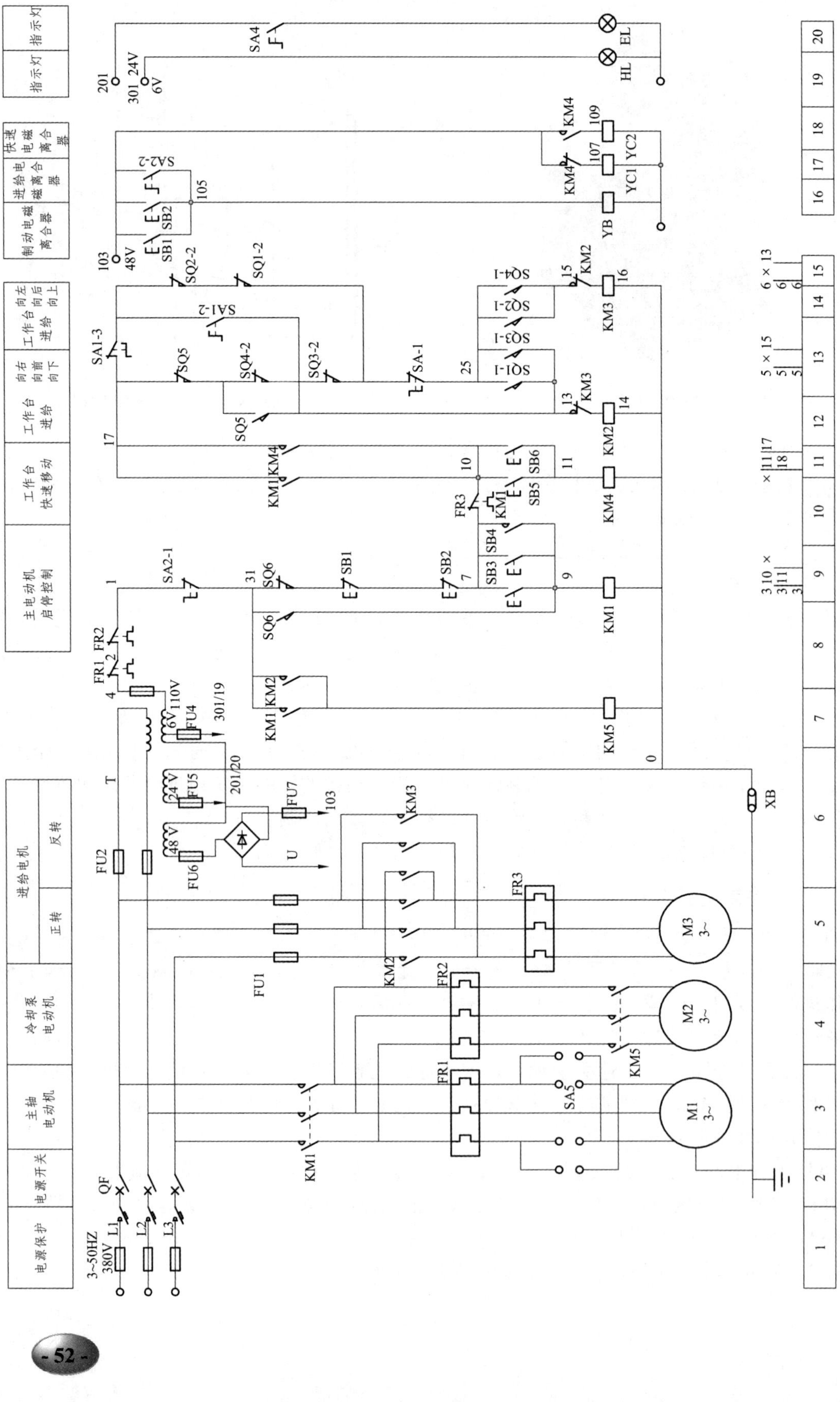


图 2-26　X52K 型立式铣床的电气控制电路

SB1、SB2：停止按钮；SB3、SB4：主电动机启动按钮；SB5、SB6：工作台快速移动按钮；

YB：电磁制动器；YC1、YC2：进给与快速电磁离合器；

SQ1、SQ2：工作台纵向进给行程开关；SQ3、SQ4：工作台横向及升降进给行程开关；

SQ5：进给变速点动开关；SQ6：主轴变速点动开关；

QF：断路器；T：控制变压器；FU1～FU6：熔断器；FR1～FR3：热继电器；

HL：指示灯；EL：照明灯；XB：连接片。

**表 2-3　X52K 型立式铣床开关说明**

| | 触点＼位置 | | 左转 | 停止 | 右转 |
|---|---|---|---|---|---|
| 主轴换向开关 | SA5-1 | W13-U14 | + | − | − |
| | SA5-2 | W13-UJ4 | − | − | + |
| | SA5-3 | U13-U14 | − | − | + |
| | SA5-4 | U13-U14 | + | − | − |

| | 触点＼位置 | | 向前向下 | 停止 | 向后向上 |
|---|---|---|---|---|---|
| 工作台横向进给开关 | SQ3-1 | 13-25 | + | − | − |
| | SQ3-2 | 21-23 | − | + | + |
| | SQ4-1 | 15-25 | − | − | + |
| | SQ4-2 | 19-21 | + | + | − |

| | 触点＼位置 | | 左转 | 停止 | 右转 |
|---|---|---|---|---|---|
| 工作台纵向进给开关 | SQ1-1 | 13-25 | − | − | + |
| | SQ1-2 | 23-29 | + | + | − |
| | SQ2-1 | 15-25 | + | − | − |
| | SQ2-2 | 27-29 | − | + | + |
| | | | | | |

| | 触点＼位置 | | 接通 | 断开 |
|---|---|---|---|---|
| 工作台转换开关 | SA1-1 | 23-25 | − | + |
| | SA1-2 | 13-27 | + | − |
| | SA1-3 | 17-27 | − | + |
| 主轴换刀 | SA2-1 | 1-31 | − | + |
| | SA2-2 | 103-105 | + | − |

注：表中“+”表示接通；“−”表示断开。

（1）铣床主轴电动机控制电路分析：

图 2-26 中主轴电动机 M1 运转由接触器 KM1 控制，M1 的旋转方向由换相开关 SA5 在 M1 启动前选择。M1 运转过程中不能操作 SA5。

① 主轴启动：主轴启动前，先选择好需要的主轴转速，主轴变速完成后，常闭触点 SQ6 接通；在主轴换刀制动开关旋置 SA2-1（1-31）闭合位置，换相开关 SA5 转到需要的方向位置，断路器 QF 接上电源，按下 SB3（或 SB4）按钮，KM1 线圈得电并自锁，M1 电动机启动运转。

② 主轴停止：停止按钮 SB1、SB2 为复合式按钮。按下 SB1（或 SB2），其常闭触点断开，线圈 KM1 断电，SB1 常开触点闭合，制动离合器 YB 得电，M1 被制动，主轴停止旋转。

③ 主轴变速时的瞬时点动：X52K 型立式铣床的主轴变速，采用孔盘机构集中操纵，当变速锁紧手柄使孔盘退出变速操纵杆时，锁紧杆上所连的凸轮压动行程开关 SQ6，使 SQ6（3-31）断开，KM1 不能自锁，SQ6（9-31）闭合，KM1 接触器瞬时接通，M1 瞬时点动，因此有利于滑移齿轮的啮合。当变速手柄完全推回原位时，行程开关 SQ6 复位，切断瞬时点动线路。需注意的是凸轮压动行程开关的时间不能长，否则电动机转速过高，不利于滑移齿轮的啮合。

（2）铣床进给运动的电气控制分析：

从图 2-26 中可看出，主运动和进给运动有联锁关系。当主电动机启动后，即 KM1 线圈得电后，KM1（17-10）触点闭合，进给运动才能进行。但工作台的快速移动可在主轴电动机不启动的情况下进行。

① 工作台纵向进给运动控制。

工作台纵向进给由纵向操作手柄操纵，手柄有向左、向右、中间（停止）三个位置，分别操纵离合器及行程开关 SQ1、SQ2 动作。要使工作台向右运动，将工作台纵向手柄扳向右，则纵向进给离合器接上进给传动链，并压动行程开关 SQ1，其两触点 SQ1-1 闭合，SQ1-2 断开，KM2 线圈得电动作，进给电动机 M2 正向转动，工作台向右运动。

要使工作台向右运动，将工作台纵向手柄扳向左，使纵向进给离合器接上，压动行程开关 SQ2，其触点 SQ2-1 闭合，SQ2-2 断开，KM3 得电动作，M2 反向运转，工作台向左运动。

此机床工作台左右运动除有机械（离合器）互锁外，还用 KM2 和 KM3 触点作电气互锁，用挡铁作限位保护。

② 工作台横向进给运动控制。

工作台横向和升降运动，是由升降台上的十字操作手柄控制，该手柄有五个位置：上、下、前、后和中位（停止）。

要使工作台向前运动，将十字手柄扳向“前”位置，横向进给离合器接上进给传动链，并压动行程开关 SQ3，其触点 SQ3-1 闭合，SQ3-2 断开，KM2 得电动作，M2 电动机正转，工作台向前运动。

要使工作台向后运动，将十字手柄扳向“后”位置，横向进给离合器接上进给传动链，并压动行程开关 SQ4，其触点 SQ4-1 闭合，SQ4-2 断开，KM3 得电动作，M2 电动机反转，工作台向后运动。手柄扳在中间位置时，工作台横向运动停止。

③ 工作台升降运动控制。

要使工作台向上运动，将十字手柄扳向“上”位置，垂直进给离合器接上进给传动链，并压动行程开关 SQ4，其触点 SQ4-1 闭合，SQ4-2 断开，KM3 得电动作，M2 电动机反转，工作台向上运动。

要使工作台向下运动，将十字手柄扳向“下”位置，接上垂直进给离合器，并压动行程开关 SQ3，其触点 SQ3-1 闭合，SQ3-2 断开，KM2 得电动作，M2 电动机正转，工作台向下运动。手柄扳在中间位置时，工作台垂直运动停止。

④ 工作台快速移动控制。

工作台六个方向的快速移动，是用两个操作手柄和快速移动按钮 SB5（或 SB6）的配合来实现的。例如，当主轴旋转，进给正在工作时，按下快速按钮 SB5（或 SB6），进给离合器 YC1 断电脱开，快速离合器 YC2 得电合上，使原来方向上的进给运动变成快速运动。当松开快速按钮时，YC2 断电，YC1 得电，重新恢复原来的进给状态。工作台调整时，主轴不旋转同样可以进行快速移动。

⑤ 进给变速时的瞬时点动控制。

为了使进给变速时滑移齿轮易于啮合，本机床进给变速设有点动控制。当变速手柄拉出时，压合行程开关 SQ5，其常开触点闭合，点动控制线路为 SA1-3、SQ2-2、SQ1-2、SQ3-2、SQ4-2、KM3 的常闭触点和 SQ5 的常开触点，KM2 得电动作，M2 电动机正向瞬时点动。当变速手柄推回原位后，SQ5 复位，M2 停止。

（3）X52K 型立式铣床具有如下特点：

① 用换相转换开关选择主电动机的转向。

② 主运动采用电磁离合器制动。

③ 主运动和进给运动变速均有瞬时点动。

④ 主运动和进给运动各有单独的电动机驱动，工作台的快速移动利用电磁离合器接上进给的快速传动链，实现快速移动。

⑤ 进给运动与主运动是联锁的，只有启动主运动后，进给运动才能启动工作。

⑥ 工作台六个方向的进给运动，具有完备的联锁。

⑦ 具有多点控制环节：具有短路保护、零压保护、过载保护和限位保护。

## 习题与思考

### 思考题

1. 电气控制系统图包括哪三种？
2. 简要说明电气原理图的绘制原则。
3. 试画出启—保—停控制电路。
4. 试独立绘制正反转主电路及双重互锁控制电路，并说明其工作原理。
5. 试独立绘制星三角降压启动主电路及控制电路，并说明其工作原理。

### 设计练习

1. 设计两台电机 M1、M2 的控制电路，要求 M1 点动、M2 常动，且 M1、M2 不能同时运转。M1 有更高优先级。

2. 两个电机 M1、M2。要求：M2 先启动，M1 才能启动；停止时分别如下：

（1）停止时两电机一起停止。

（2）停止时，M1 先停止，M2 才能停止。

画出主电路和控制电路。

3. 两电机 M1、M2。要求同时满足如下条件：

（1）M2 先启动，M1 才能启动。

（2）M1 可以两地点启停。

（3）停止时，M1 先停止，M2 才能停止。

画出主电路和控制电路。

4. 设计两台电机 M1、M2 的控制电路，要求 M1 先启动，M2 在 M1 启动后延时自动启动；停止时，M1 先停止，M2 才能停止。画出主电路和控制电路。

5. 设计一台三相异步电动机控制电路，要求：（1）单向运转；（2）有一处点动控制，点动停止不制动；（3）有两处启停控制，停止时反接制动；（4）有相应的保护。

画出主电路和控制电路。

6. 有一台双速电机，按下列要求设计电路：

（1）能单独进行低速或高速持续运转；

（2）高速运行时，先低速启动再高速运行；

（3）低速时有点动控制；

（4）高速时有两地控制；

（5）有相应的保护。

7. 某机床主轴由一台笼型电动机 M1 拖动，润滑油泵由另一台笼型电动机 M2 拖动，均采用直接启动。工艺要求为：

（1）主轴 M1 必须在油泵 M2 启动后，才能启动；

（2）M1 正常为正向运转，但为调试方便，要求能反向点动；

（3）M1 停正后，才允许 M2 停止；

（4）有短路、过载及失压保护。

8. 试设计主电路及控制线路。

9. 常用的电气控制系统图有哪三种？

10. 电气原理图中 QS、FU、KM、KA、KT、SB、SQ 分别表示什么电气元件？

11. 什么是欠压与失压保护？接触器是如何实现欠压与失压保护的？

12. 何谓互锁？什么情况下需要进行互锁？

# 第 3 章　数控系统及接口技术应用

## 3.1　数控系统简介

数控机床能够根据我们用户手动编制或者个人电脑自动编制的数控加工程序（将程序输入数控系统，要用到哪些装置？）转化为数控机床特定轨迹的运动（有哪些部件参与了运动？），从而加工出符合程序坐标信息所确定的工件尺寸要求，并能够将加工误差控制在一定的范围内（哪些部件一起起作用？各个部件分别起到了什么作用？）。

数控机床一般由输入/输出装置、数控装置、可编程控制器、伺服系统、检测反馈装置和机床主机等组成，如图 3-1 所示。

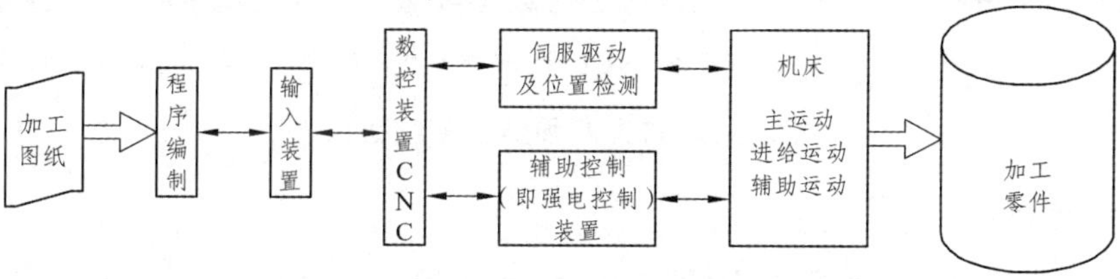


图 3-1　数控加工过程的信息流向示意图

### 1. 输入/输出装置

输入装置可将不同加工信息传递给数控系统，图 3-2 所示为华中数控系统输入输出面板。

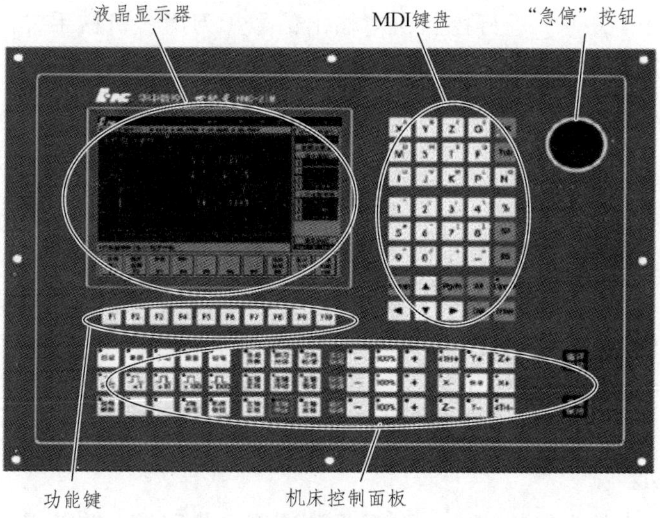


图 3-2　武汉华中数控系统输入/输出装置图示

在数控机床产生的初期，输入装置为穿孔纸带，现已淘汰；目前，使用键盘、磁盘、数据线传输等，大大方便了信息输入工作。

输出指输出内部工作参数（含机床正常、理想工作状态下的原始参数，故障诊断参数，等），一般在机床刚工作时需输出这些参数作记录保存，待工作一段时间后，再将输出与原始资料做比较、对照，可帮助判断机床工作是否维持正常。主要的输出装置有显示器、信号指示灯等。

### 2. 数控装置

数控装置是数控机床的核心与主导，完成所有加工数据的处理、计算工作，最终实现数控机床各功能的指挥工作。它包含微计算机系统和各种接口电路等硬件装置以及系统软件。图 3-3 所示为国内使用较多的几种数控系统。

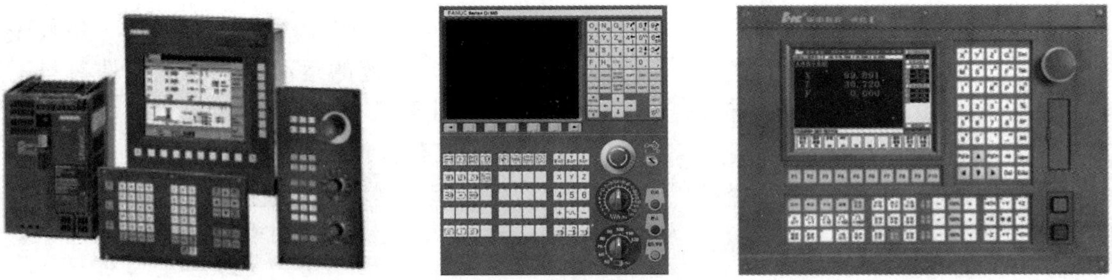

西门子数控系统　　FANUC 数控系统　　华中数控系统

图 3-3　常见几种数控系统面板

### 3. 可编程控制器

可编程控制器即 PLC（或者叫 PMC，Programmable Machine Controller），它对主轴单元实现控制，将程序中的转速指令进行处理进而控制主轴转速；管理刀库，进行自动刀具交换、选刀方式、刀具累计使用次数、刀具剩余寿命及刀具刃磨次数等管理；控制主轴正反转和停止、准停、切削液开关、卡盘夹紧松开、机械手取送刀等动作；还对机床外部开关（行程开关、压力开关、温控开关等）进行控制；对输出信号（刀库、机械手、回转工作台等）进行控制。PLC 在数控机床工作中所起的作用如图 3-4 所示。

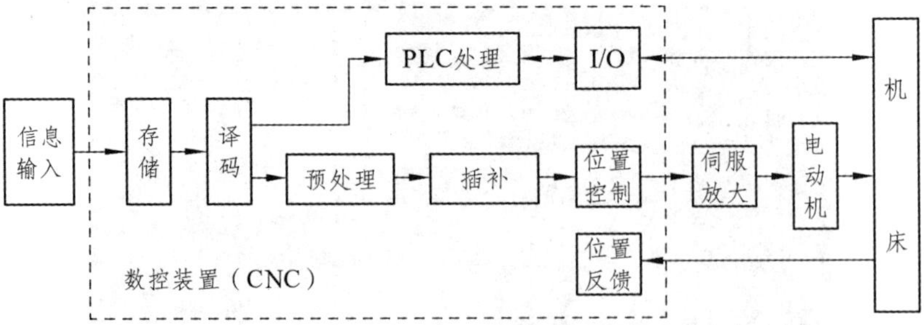


图 3-4　PLC（PMC）在数控系统工作中的作用

### 4. 检测反馈装置

由检测元件和相应的电路组成，主要是检测速度和位移，并将信息反馈回驱动控制器及数控装置，实现闭环控制以保证数控机床加工精度。常用的检测反馈装置有光电编码器、光栅尺等，如图 3-5 所示。

光电编码器

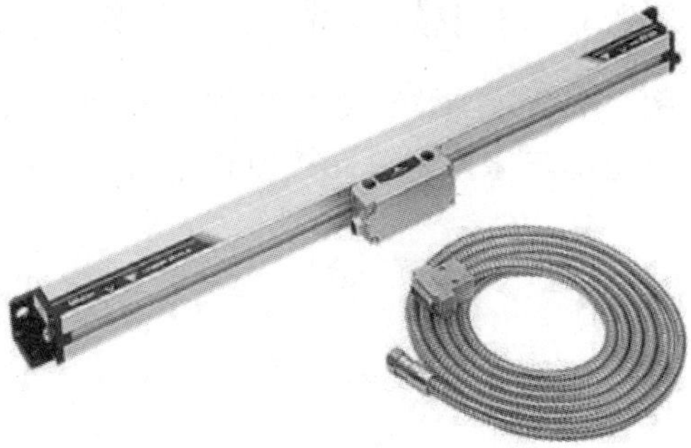

光栅尺

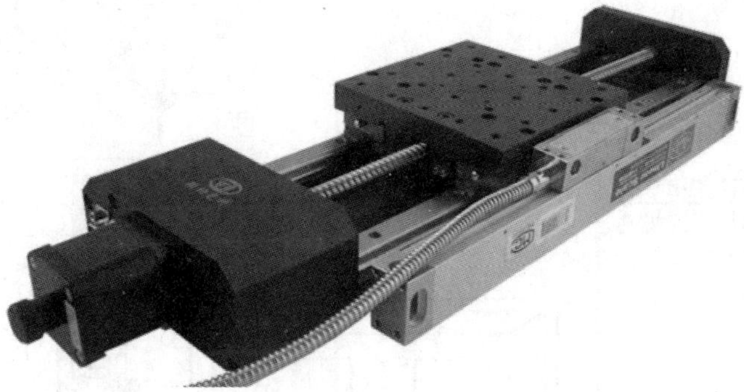

光栅尺的安装图

图 3-5　常用的检测元件

### 5. 机床主机

数控机床的主体，包括床身、立柱、主轴箱、进给传动机构、工作台等机械部件，如图 3-6 所示。

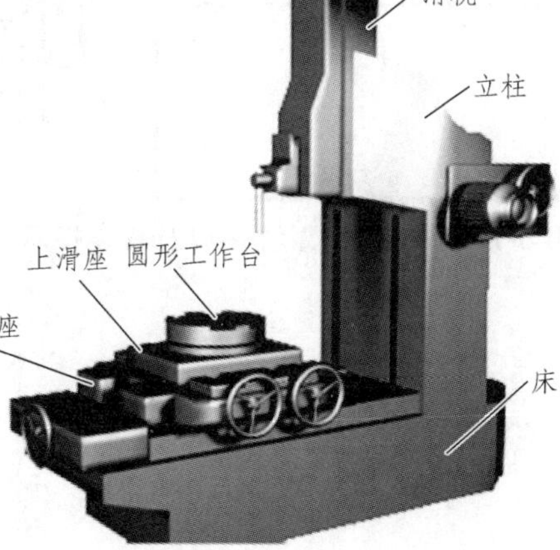


图 3-6　数控机床本体（机械部分）

# 3.2 华中数控接口技术及其应用

## 3.2.1 华中数控系统及其接口

图 3-7 所示为华中数控世纪星系列的数控系统接口及其连接示意图，图 3-8 所示为华中数控世纪星车床控制单元接口连接说明。

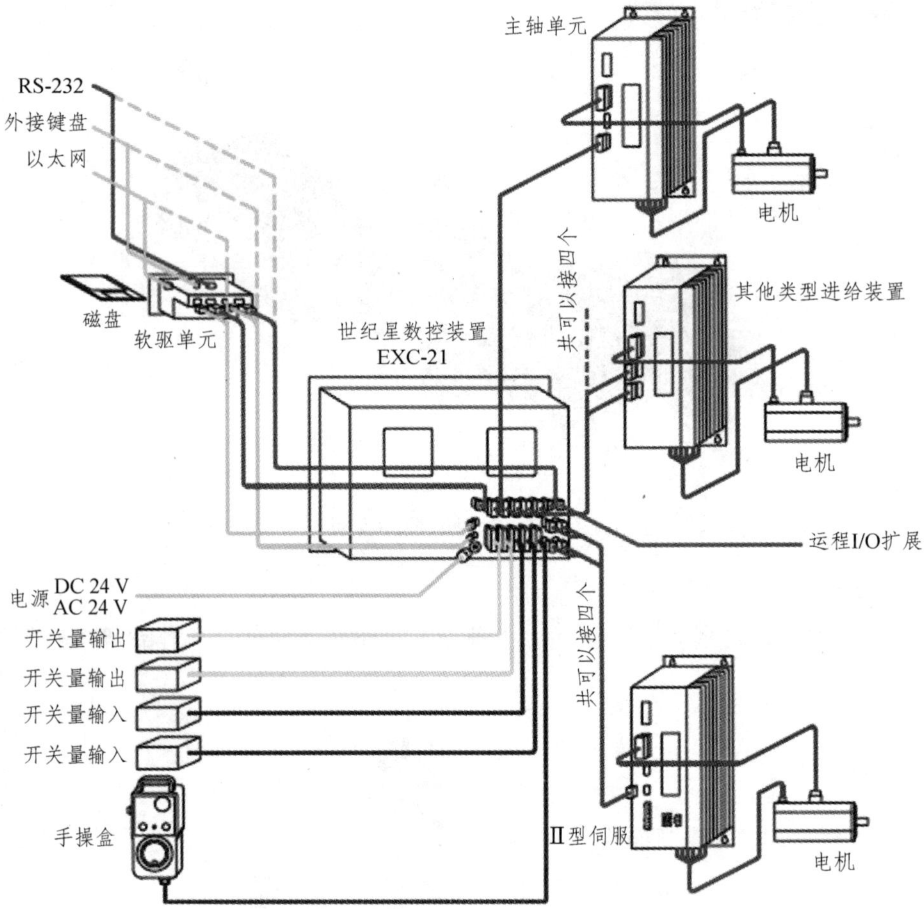


图 3-7 华中数控系统接口及其连接示意图

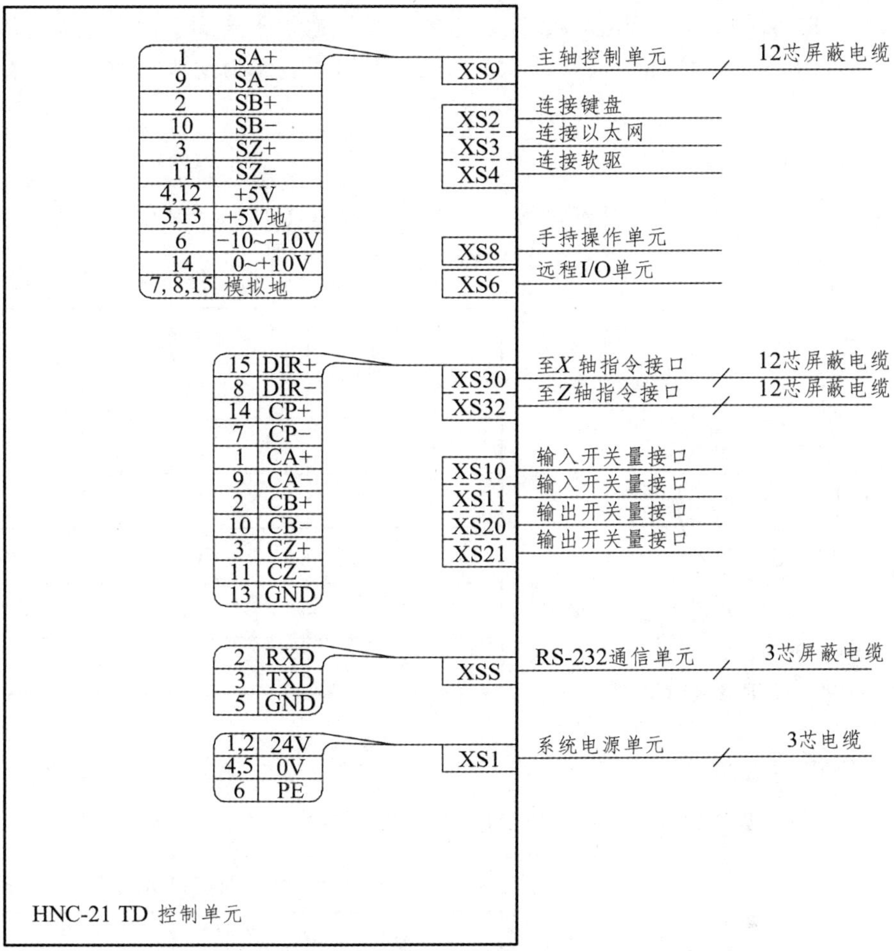


图 3-8　华中数控世纪星车床控制单元接口连接说明

### 3.2.2　华中数控世纪星系列数控系统接口引脚

华中数控世纪星系列的接口是标准化航空插头的形式，方便用户装调与检修。下面介绍部分接口的引脚。

#### 1. 电源接口 XS1 引脚（见图 3-9 和表 3-1）

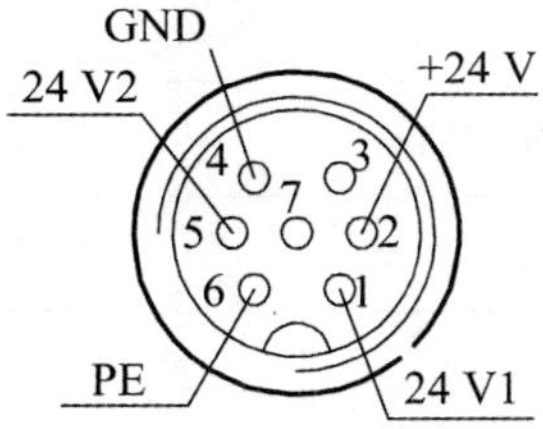


1—AC 24 V（1）；2—DC 24 V；3—空；4—DC 24 V 地；5—AC 24 V（2）；6—PE；7—空

图 3-9　XS1 接口引脚

表 3-1　XS1 接口引脚分配表

| 引脚号 | 信号名 | 说明 |
|---|---|---|
| 1、5 | AC 24 V（1/2） | 交流 24 V 电源 |
| 2 | DC 24 V | 直流 24 V 电源 |
| 3 | 空 | — |
| 4 | DC 24 VG | 电源地 |
| 6 | PE | 保护地 |
| 7 | 空 | — |

※注意：XS1 引脚 6 在内部已与数控装置的机壳接地端子连通。由于电源电缆中的地线较细，按厂家要求须单独增加一根截面积≥2.5 mm$^2$ 的铜线作为地线与数控装置的机壳接地端子相连。

2. PC 键盘接口 XS2

华中数控系统提供了外接 PC 键盘接口，引脚如图 3-10 所示，其引脚分配见表 3-2。

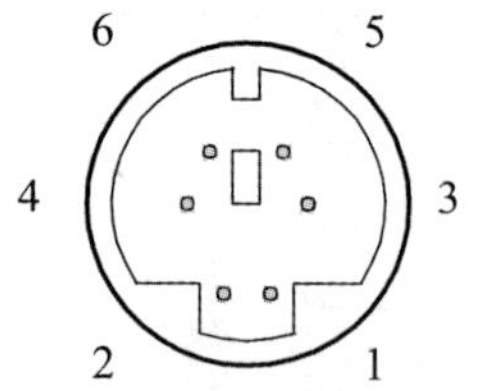

1—DATA；2—空；3—GND；4—VCC；5—CLOCK；6—空。

图 3-10　PC 键盘接口引脚

表 3-2　PC 键盘接口 XS2 引脚分配

| 引脚号 | 信号名 | 说明 |
| --- | --- | --- |
| 1 | DATA | 数据 |
| 2 | 空 | — |
| 3 | GND | 电源地 |
| 4 | VCC | 电源 |
| 5 | CLOCK | 时钟 |
| 6 | 空 | — |

3. 以太网接口 XS3

以太网接口引脚如图 3-11 所示，其引脚分配见表 3-3。

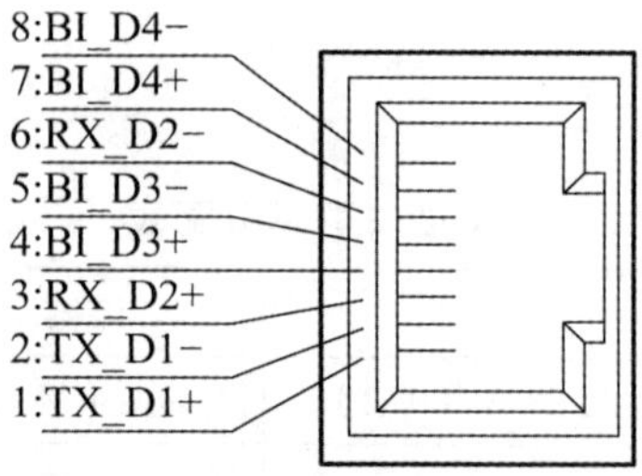

图 3-11　以太网接口 XS3 引脚

表 3-3　以太网接口 XS3 引脚分配

| 引脚号 | 信号名 | 说明 |
| --- | --- | --- |
| 1 | TX_D1+ | 发送数据 |
| 2 | TX_D1− | 发送数据 |
| 3 | RX_D2+ | 接收数据 |
| 4 | BI_D3+ | 空置 |
| 5 | BI_D3− | 空置 |
| 6 | RX_D2− | 接收数据 |
| 7 | BI_D4+ | 空置 |
| 8 | BI_D4− | 空置 |

4. RS-232 串行通信接口

图 3-12 所示为 RS-232 串行通信接口，其引脚分配如表 3-4 所示。

表 3-4　RS-232 串行通信接口引脚分配

| 引脚号 | 信号名 | 说明 |
|---|---|---|
| 1 | －DCD | 载波检测 |
| 2 | RXD | 接收数据 |
| 3 | TXD | 发送数据 |
| 4 | －DTR | 数据终端准备好 |
| 5 | GND | 信号地 |
| 6 | －DSR | 数据装置准备好 |
| 7 | －RTS | 请求发送 |
| 8 | －CTS | 准许发送 |
| 9 | －R1 | 振零指示 |

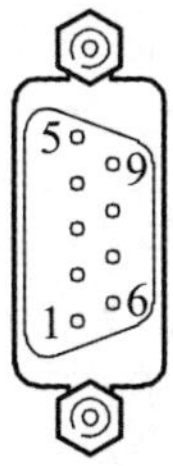


1—DCD；2—RXD；3—TXD；4—DTR；5—GND；6—DSR；7—RTS；8—CTS；9—RI。

图 3-12　RS-232 串行通信接口

5. 手持单元接口 XS8

图 3-13 所示为手持单元接口图，其引脚分配见表 3-5。

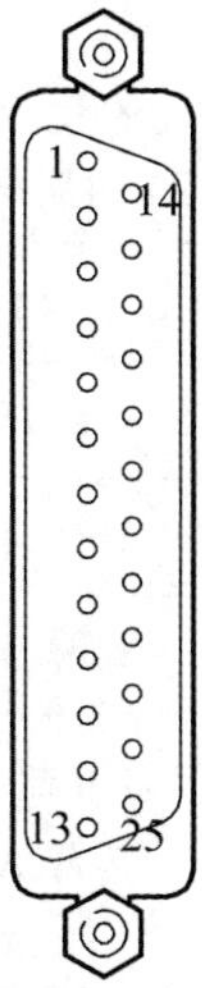


1—24 VG；2—24 VG；3—24 V；4—ESTOP2；5—空；6—I38；7—I36；8—I34；9—I32；10—O30；11—O28；12—HB；13—5 VG；14—24 VG；15—24 VG；16—24 V；17—ESTOP3；18—I39；19—I37；20—I35；21—I33；22—O31；23—O29；24—HA；25—＋5 V。

图 3-13　手持单元 XS8 接口引脚

表 3-5　手持单元 XS8 接口引脚分配表

| 信号名 | 说明 |
|---|---|
| 24 V、24 VG | DC 24 V 电源输出 |
| ESTOP2、ESTOP3 | 手持单元急停按钮 |
| I32～I39 | 手持单元输入开关量 |
| O28～O31 | 手持单元输出开关量 |
| HA | 手摇 A 相脉冲 |
| HB | 手摇 B 相脉冲 |
| +5 V、5 VG | 手摇 DC 5 V 电源 |

6. 主轴控制接口 XS9

主轴控制接口引脚如图 3-14 所示，其引脚分配见表 3-6。

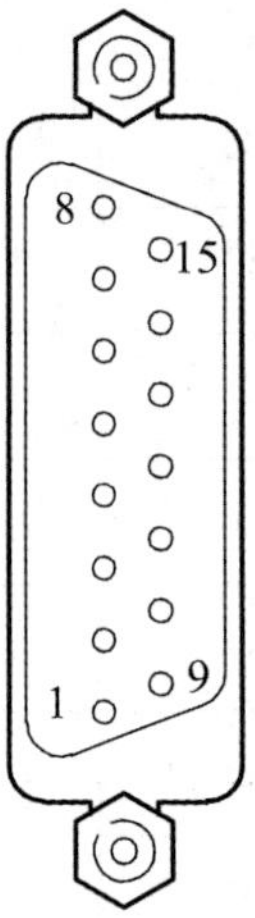


1—SA+；2—SB+；3—SZ+；4—+5 V；5—GND；6—AOUT1；7—GND；8—GND；9—SA-；10—SB-；11—SZ-；12—+5 V；13—GND；14—AOUT2；15—GND。

图 3-14　主轴控制接口 XS9 引脚

表 3-6　主轴控制接口 XS9 引脚分配表

| 信号名 | 说明 |
|---|---|
| SA+、SA- | 主轴码盘 A 相位反馈信号 |
| SB+、SB- | 主轴码盘 B 相位反馈信号 |
| SZ+、SZ- | 主轴码盘 Z 脉冲反馈 |
| +5 V、GND | DC5V 电源 |
| AOUT1、AOUT2 | 主轴模拟量指令输出 |
| GND | 模拟量输出地 |

7. PLC 开关量输入 XS10/XS11 和开关量输出 XS20/21

图 3-15 所示为 PLC 开关量输入 XS10/XS11；开关量输出接口 XS20/21 接口引脚与此类似，见表 3-7。

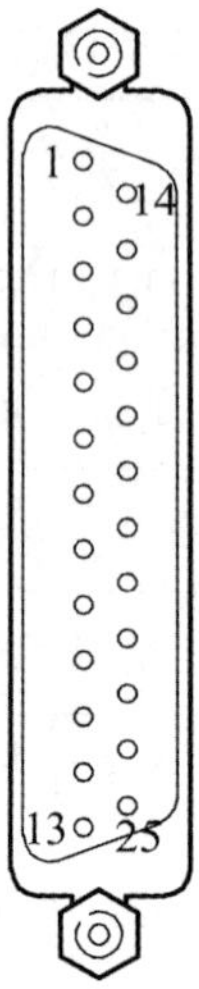


1—24 VG；2—24 VG；3—空；4—I38；5—I36；6—I34；7—I32；8—I30；9—I28；10—I26；11—I24；12—I22；13—I20；14—24 VG；15—24 VG；16—I39；17—I37；18—I35；19—I33；20—I31；21—I29；22—I27；23—I25；24—I23；25—I21。

图 3-15　PLC 开关量输入接口引脚

表 3-7　开关量输入 XS10/XS11，开关量输出 XS20/21 引脚分配表

| 信号名 | 说明 |
|---|---|
| 24 VG | 外部开关量 DC24V 电源地 |
| I0～I39 | 输入开关量 |
| O0～O31 | 输出开关量 |
| ESTOP1，ESTOP2 | 急停回路与超程回路的串联的接入端子 |
| OTBS1，OTBS2 | 超程限位开关的接入端子 |

### 8. 进给轴控制接口

进给移动轴（模拟式、数字式伺服或步进电机）驱动单元控制接口 XS30 ~ XS33，其引脚如图 3-16 所示，引脚分配见表 3-8。

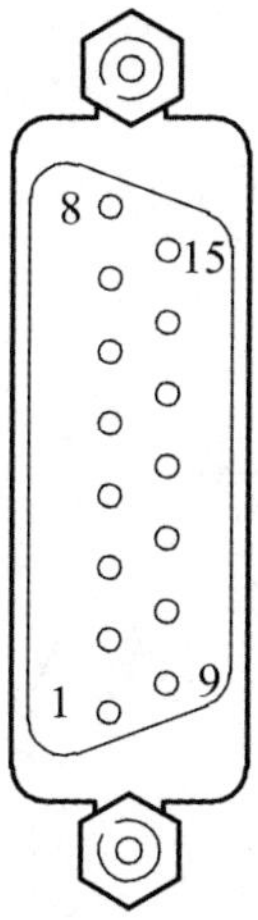


1—A+；2—B+；3—Z+；4—+5 V；5—GND；6—OUTA；7—CP-；8—DIR-；9—A-；10—B-；11—Z-；12—+5 V；13—GND；14—CP+；15—DIR+。

图 3-16　进给移动轴接口引脚

表 3-8　进给移动轴控制接口 XS30 ~ XS33 引脚分配

| 信号名 | 说明 |
|---|---|
| A+、A- | 编码器 A 相位反馈信号 |
| B+、B- | 编码器 B 相位反馈信号 |
| Z+、Z- | 编码器 Z 脉冲反馈信号 |
| +5 V，GND | DC5V 电源 |
| OUTA | 模拟指令输出（-20 ~ +20 mA） |
| CP+、CP- | 指令脉冲输出（A 相） |
| DIR+、DIR- | 指令方向输出（B 相） |

## 3.3　数控系统与机床部件的连接

### 1. 数控装置与操作面板的连接

操作面板是操作人员与机床数控系统进行信息交流的界面，操作面板上有按钮、状态指示灯、按键阵列和显示器。华中数控系统采用集成式操作面板，操作面板包括显示区、NC 键盘区、机床控制面板区三部分区域。对于数控系统来讲，操作人员操作按钮或旋钮通过计算机输入接口向计算机发出控制或操作指令，计算机通过程序运行和运算控制机床工作并将控制状态或结果通过输出接口传输到状态指示灯或显示器显示，所以操作面板和数控装置的信号传输是双向的。另外由于操作面板上元件很多而且显示器需要通过多芯电缆传输信号，所以操作面板通常采用印制电路板安装方式并通过印制电缆或扁平电缆与数控系统连接。又由于数控装置和操作面板通常采用一体化结构，操作面与数控装置的连接往往由系统制造商在工厂已整体连接并封装完成。

### 2. 数控装置与换刀装置（刀架）的连接

数控装置和换刀机构的连接包括两部分：刀架电动机控制信号和刀位开关的信号线。数控装置发出的换刀信号经由 PLC 运行换刀控制程序，控制刀架电动机的接触器来控制电动机正、反向转动；刀位开关产生的换刀到位信号传输到 PLC，PLC 判断换刀是否到位。当刀具到位时，通过程序控制刀架电动机反转锁紧，同时将换刀完成信号传输到数控装置，数控装置才能继续执行下一步程序。信号传输流程如图 3-17 所示，刀架主电路如图 3-18 所示，刀架正/反转控制电路如图 3-19 所示，刀架的 PLC 控制外电路如图 3-20 所示。

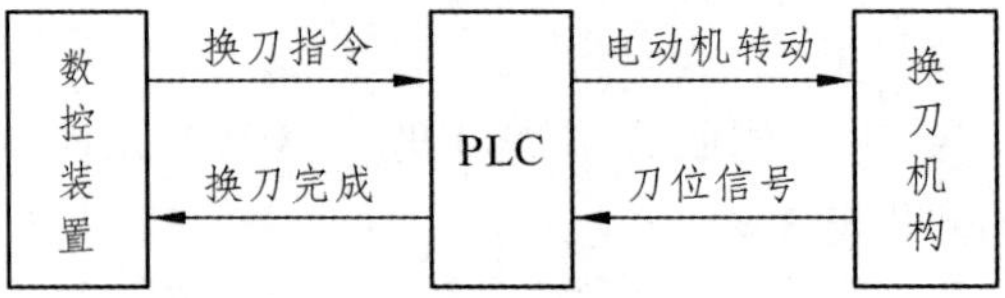


图 3-17　换刀机构信号传输示意图

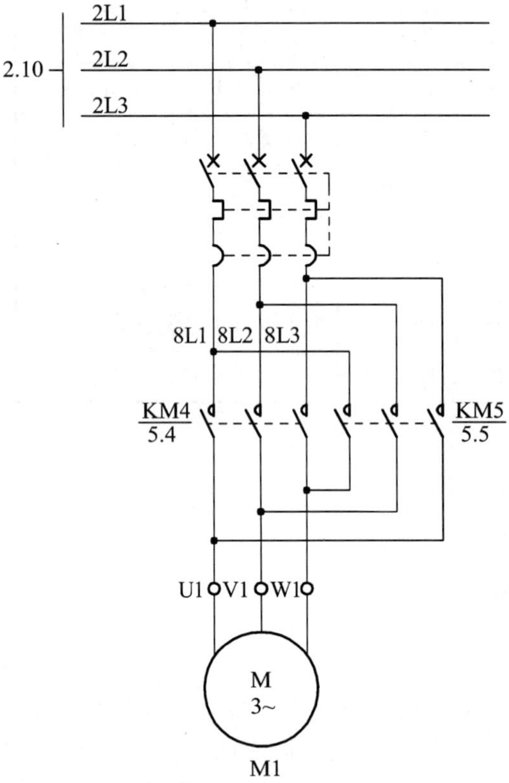


图 3-18　刀架主电路

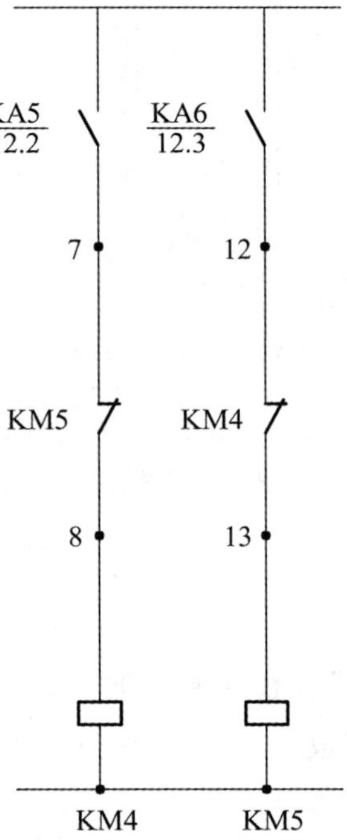


图 3-19　刀架正/反转控制电路

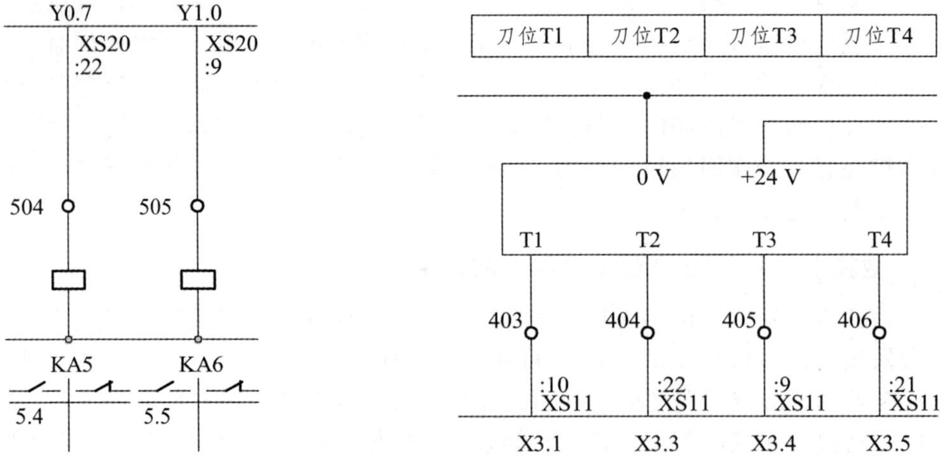


（a）　（b）

图 3-20　刀架的 PLC 控制外电路

换刀过程如下：CNC 将换刀指令传送到 PLC，在图 3-20（a）中 PLC 驱使 Y0.7 输出，KA5 得电，在图 3-19 中 KA5 触点闭合，KM4 得电，从而在图 3-18 中 KM4 主触点闭合，刀架正转，寻找目标刀位；刀位信号通过 PLC 输入点送入 PLC[如图 3-20（b）]，当 PLC 输入信号与目标刀位一致，Y0.7 停止输出，刀架正转停止，接着 Y1.0 输出（输出时长由时间继电器设定，一般为 1 s），KA6 得电，从而 KM5 得电，刀架反转锁紧，同时将换刀完成信号传输到数控装置。

在连接换刀机构部分电缆时，要注意以下几点：

（1）换刀电动机的三相线相序要正确，否则会造成换刀过程报警。

（2）刀位信号电缆与数控装置端子连接要正确，否则会造成换刀错误。

（3）电动机动力电缆与信号电缆要分开，以确保系统安全。

（4）刀位信号电缆与刀架霍尔元件连接端子对应，以确保刀位信号的正确。

### 3. 数控装置和手持脉冲发生器的连接

手持脉冲发生器又称为手持单元或手脉，是数控机床手动操作和控制常用的控制器之一。手持脉冲发生器上有脉冲手轮、倍率选择旋钮和坐标轴选择旋钮以及急停按钮等操作件，可以手动控制机床按指定的坐标轴方向以选定的倍率手动进给。手持脉冲发生器一般作为标准配件都配有电缆及插头，数控装置上也专门留有与手持单元的电缆插头配套的插孔。华中世纪星数控系统的手持单元插孔为 XS8，电路原理如图 3-21 所示。

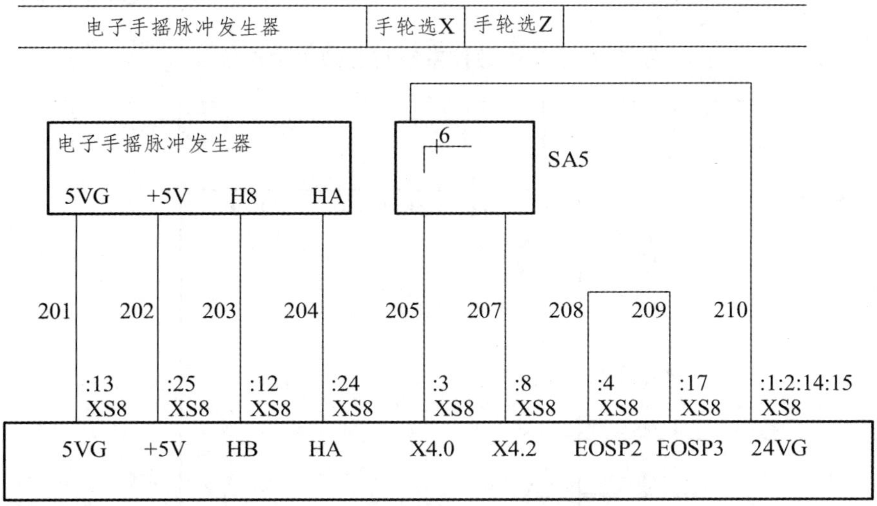


图 3-21　手摇脉冲发生器电路原理图

### 4. 数控装置和主轴驱动器控制线的连接

数控机床的主轴驱动一般采用变频器驱动或伺服驱动。交流变频器控制交流变频电动机可在一定范围内实现主轴的无级变速，这时需利用数控装置的主轴控制接口 XS9 中的模拟量电压输出信号作为变频器的速度给定，采用开关量输出信号 XS20、XS21 控制主轴启停或正反转。采用交流变频主轴时，由于低速特性不是很理想，一般需配合机械换挡以兼顾低速特性和调速范围，如图 3-22 所示。采用伺服驱动主轴可获得较宽的调速范围和良好的低速特性，还可实现主轴定向控制。可利用数控装置上的主轴控制接口 XS9 中的模拟量输出信号作为伺服主轴驱动单元的速度给定，利用 PLC 输出控制启停（或正反转）及定向，如图 3-23 所示。

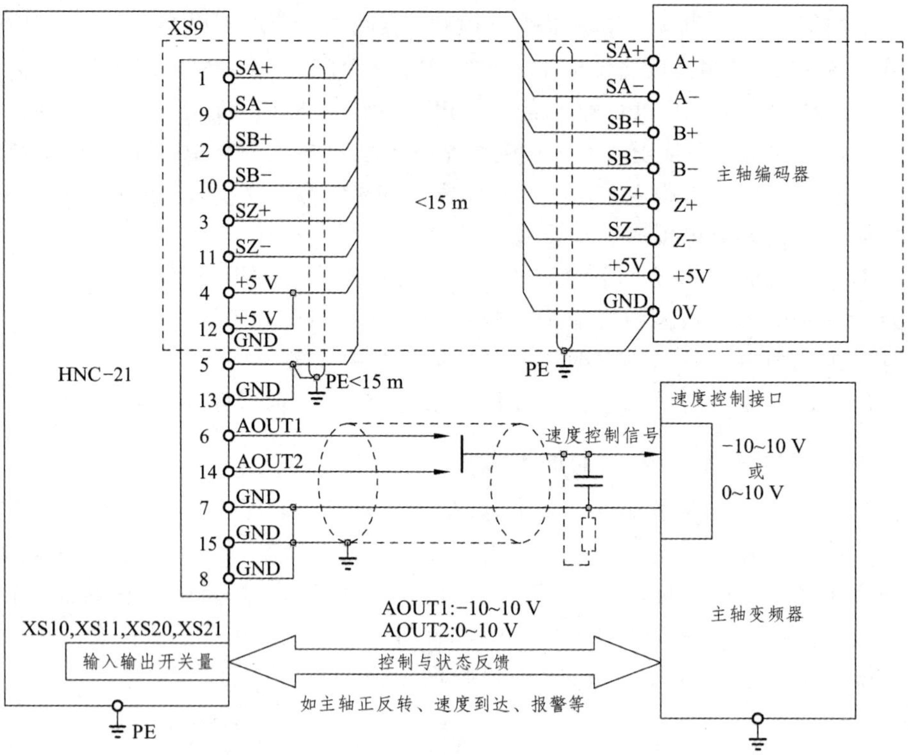


图 3-22　华中数控系统与变频主轴连接

| 正反转控制 | 转速控制 | 变频电源 | 主轴电机 | 主轴编码器 |
|---|---|---|---|---|

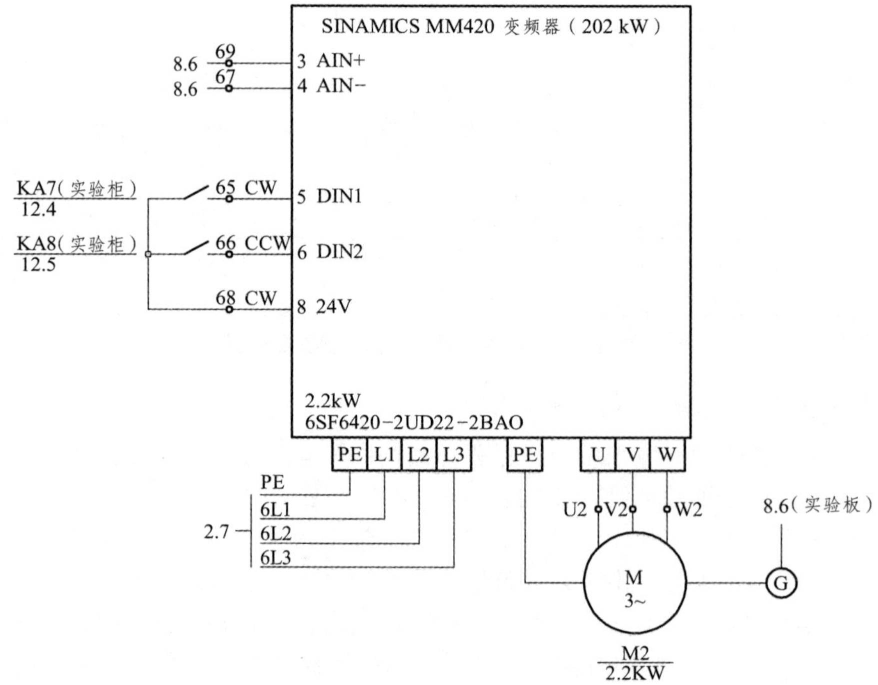


图 3-23　变频主轴控制电路原理图

华中数控系统与伺服主轴的连接如图 3-24 所示。

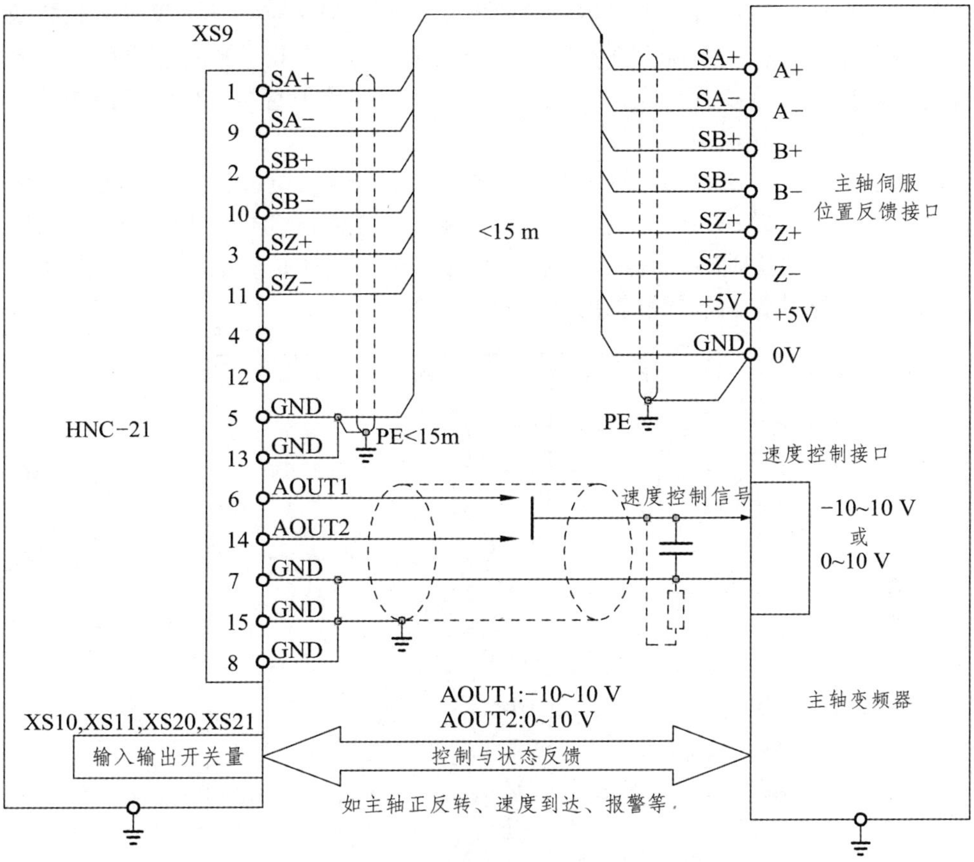


图 3-24　华中数控系统与伺服主轴连接

HNC-21TF/HNC-21MF 型数控装置通过 XS9 主轴控制接口和 C 输入/输出接口，可连接各种主轴驱动器，实现正反转、定向、调速等控制，还可以外接主轴编码器实现螺纹车削和铣床上的刚性攻螺纹功能。

数控装置与主轴驱动部分的电路连接主要包括：驱动器与电源的连接；驱动器与电动机的连接；驱动器与数控装置的连接；主轴编码器与数控装置的连接；电动机转向控制信号与数控装置的连接（伺服驱动方式）或与 PLC 的连接（变频驱动方式）。

在连接主轴驱动装置电缆时，要注意以下几点：

（1）与数控装置连接的控制电缆端子要正确，屏蔽接地要可靠。

（2）部分控制信号和报警信号是通过外接开关板连接到数控装置的。

（3）动力电缆以及电动机电缆与端子连接要牢固、相序正确。

（4）连接后要对驱动器进行参数设置。

## 5. 数控装置和伺服驱动器的连接

伺服驱动器是进给电动机的另一种驱动控制形式。伺服驱动器受控于数控装置发出的数字式或脉冲式或模拟式位移、速度控制信号，将伺服电源提供的伺服强电转换成电动机电源，控制伺服电动机按照一定的转速、转向旋转一定的角度并能停在准确位置（停位）。由于伺服控制中引入了反馈控制，所以可以获得精度高、响应快和范围宽的大功率驱动输出。为了构成反馈控制，伺服电动机都带有编码器以检测电动机转角和转速并将结果反馈到驱动器，这种控制方式称为半闭环控制系统。在实际的数控机床中为了获得精确度更高的位置控制，有时也采用坐标轴位移检测装置（光栅、磁栅、同步感应器等）直接将位移检测结果反馈到数控装置，从而构成全闭环控制系统。

伺服驱动装的连接电路包括：与数控装置的控制信号连接电缆（位移控制、状态制）；与何服电源连接的动力电缆；与伺服电动机连接的驱动电缆、电动机状态信号电缆和检测反馈电缆。在连接伺服驱动器时要分清其驱动控制信号是脉冲式还是模拟式。图 3-25 所示为华中数控系统采用数字脉冲控制的伺服轴的连接图。

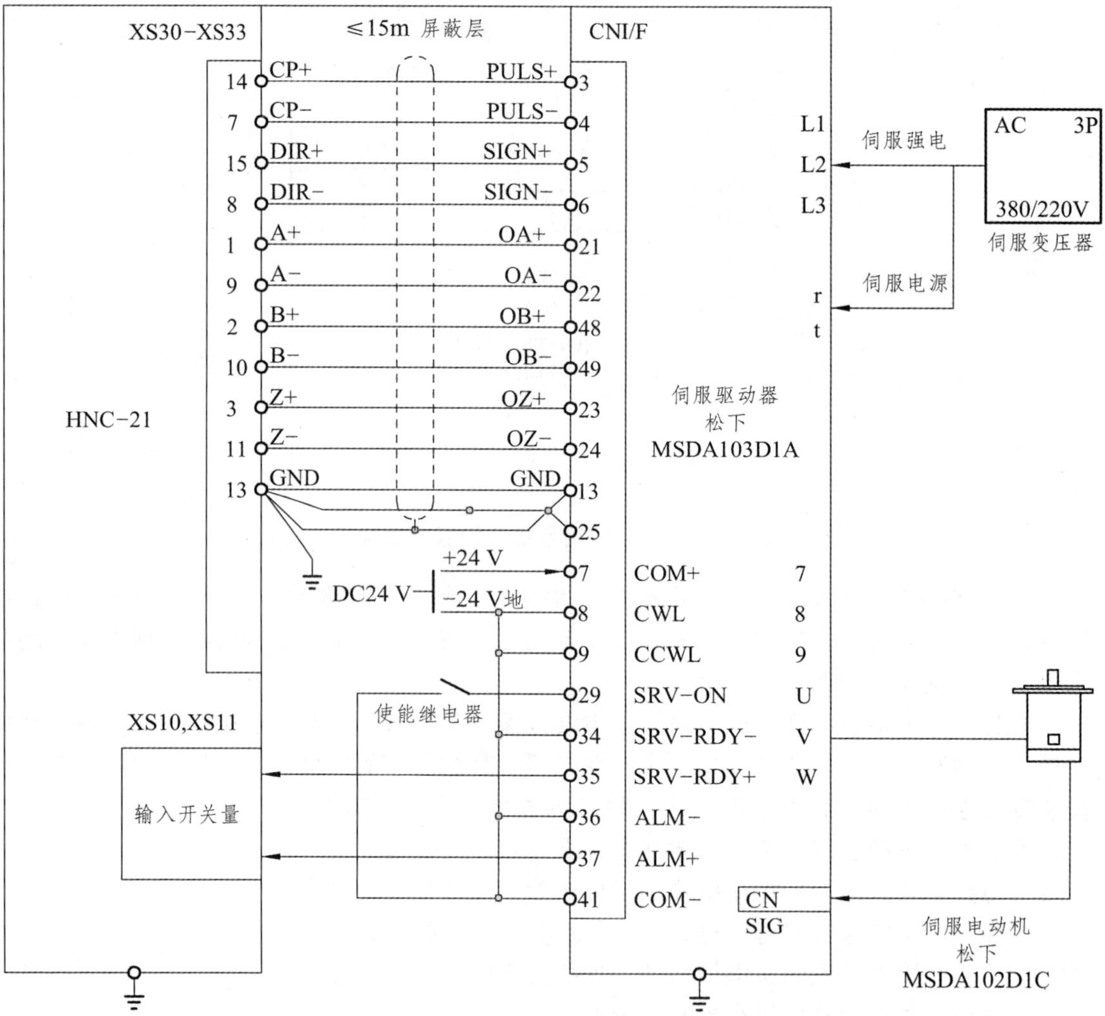


图 3-25　华中数控系统采用数字脉冲控制的伺服轴（移动轴）连接

在连接伺服驱动装置电缆时，要注意以下几点：

（1）与数控装置连接的控制电缆端子要正确，屏蔽接地要可靠。

（2）部分控制信号和报警信号是通过外接开关板连接到数控装置的。

（3）动力电缆与端子连接要牢固、绝缘良好，以免造成电动机输出转矩不足。

（4）连接后要对驱动器进行参数设置。

### 6. 其他控制信号的连接

1）数控装置与反馈电缆的连接

光栅作为坐标轴位移或位置检测部件是一个相对独立的测量装置，它由数控装置提供工作电源，可以将坐标轴位移转变成脉冲输出。一般生产商提供的光栅部件都带有安装好的电缆并配有标准的电缆插头，所以连接时只需将电缆插头与数控装置上的插座孔可靠连接即可。光栅提供的位移脉冲一般为 A、B、Z 三相脉冲，需要注意的是光栅连接在哪个坐标轴上，其脉冲信号就要反馈到与对应的伺服驱动器的控制端口相一致的数控装置端口（XS30 ~ XS33）上。

2）冷却、润滑等辅助部件的连接

冷却（含冷却液喷淋及电柜箱风冷等部件）和机床导轨润滑等部件的控制原理与刀架的正/反转控制类似，由 PLC 开关量输出控制中间继电器，通过中间继电器控制接触器，再由接触器控制电机（冷却泵或润滑泵的驱动电机）即可。图 3-26 所示为冷却电机的控制回路。

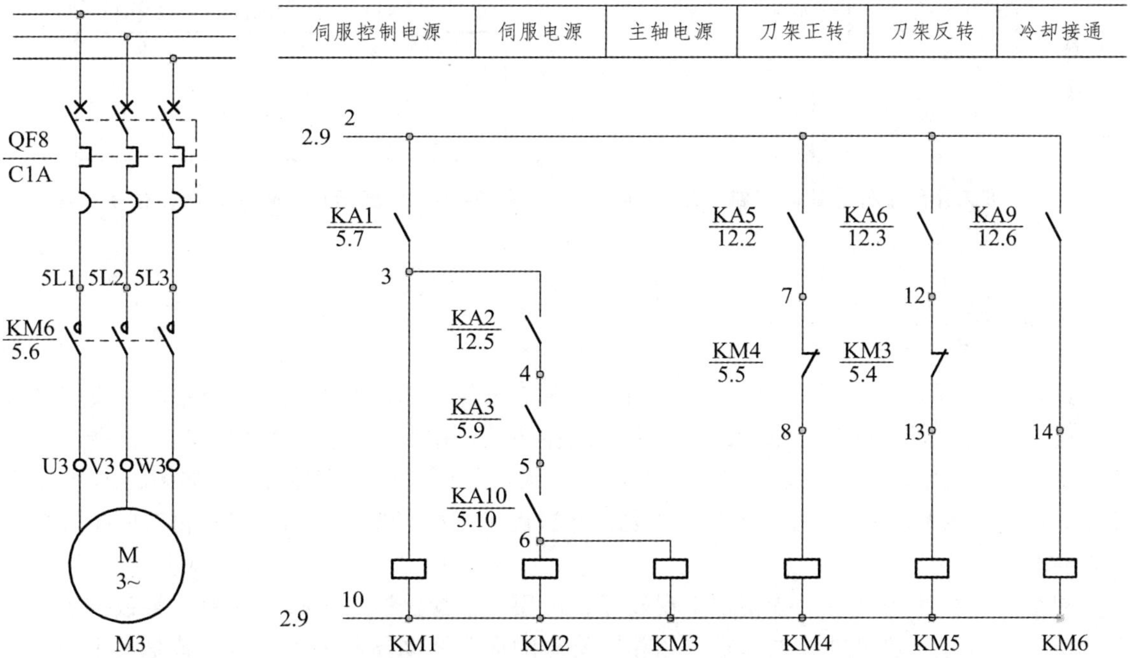


**图 3-26　冷却电机控制回路原理图**

3）急停与超程的设计

HNC-21TF 型数控装置操作面板和手持单元上，均设有急停按钮。急停功能主要用于以下情况：当数控系统或数控机床出现紧急情况，需要使数控机床立即停止运动或切断动力装置（如伺服驱动器等）的主电源时；当数控系统出现自动报警信息急停后，可按下然后松开急停按钮使机床复位。

急停与超程信号（外部条件/外部运行允许）电路如图 3-27 所示，其中 SQ1，SQ2，SQ3 和 SQ4 分别为 *X* 轴正、负极限以及 *Z* 轴正、负极限开关。除数控装置操作面板和手持单元处的急停按钮外，系统还可以根据实际需要设置多个急停按钮。

连接在 PLC 输入端的中间继电器（如图 3-28 中 KA3）的一组常开触点，向系统发出急停报警，此信号在打开急停按钮时作为系统的复位信号。

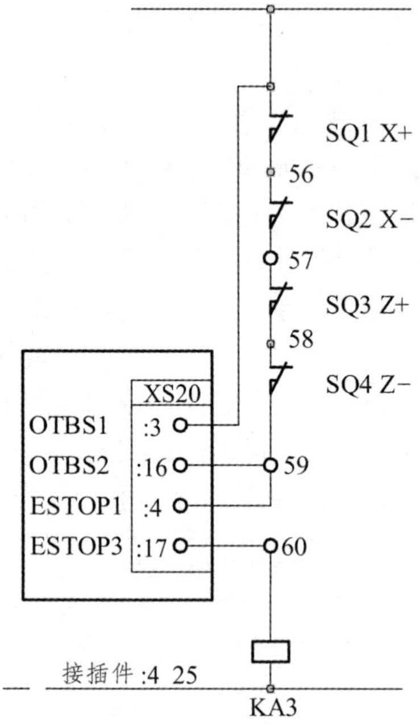


图 3-27　机床外部条件（故障联锁）/急停回路

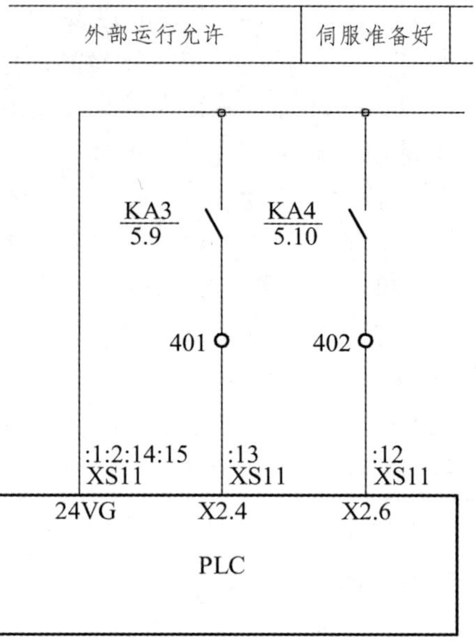


图 3-28　外部运行允许（机床复位）电路

## 习题与思考

通过本章的学习，大家可以比较详细地了解机床各个部件的连接，更重要的是理解各部件的连接方式，即电路工作原理，并用来解决在调试、排故和维修工作中的具体问题。

例如，当机床由于限位开关的故障导致急停无法复位时该怎么处理？（如图 3-27 所示电路中，可以让 KA3 手动吸合，强制机床复位，当机床复位后将工作台移开，再对限位开关进行检查和维修）。

再如，当机床的某一个移动轴出现故障，可用“互换法”帮助排查故障。某数控车床有两个进给轴，并且两个进给轴都是采用相同型号的伺服驱动器和伺服电机。若是其中一个进给轴出现故障（不运动并且报警信息为跟踪误差过大），我们采用“互换法”来进行排查。

分析：如图 3-29（a）所示为数控进给轴的连接框图，我们可以简单划分为从系统接口至伺服驱动器以及从伺服驱动器至电机两个环节，如此即可按照图（b）和图（c）所示两步“互换”进行故障排查。

操作过程如下：

（1）如图（b）所示将 XS30 接口接在 *Z* 轴驱动器上面，将 XS32 接口接在 *X* 轴伺服驱动器上面（如果是 *Z* 轴故障就接__________；如果是 *X* 轴故障即接__________），运行系统，如果此时 *X* 轴/*Z* 轴能正常运行，*Z* 轴/*X* 轴不能运行，即可得出结论：____________________

____________________________________________________________。

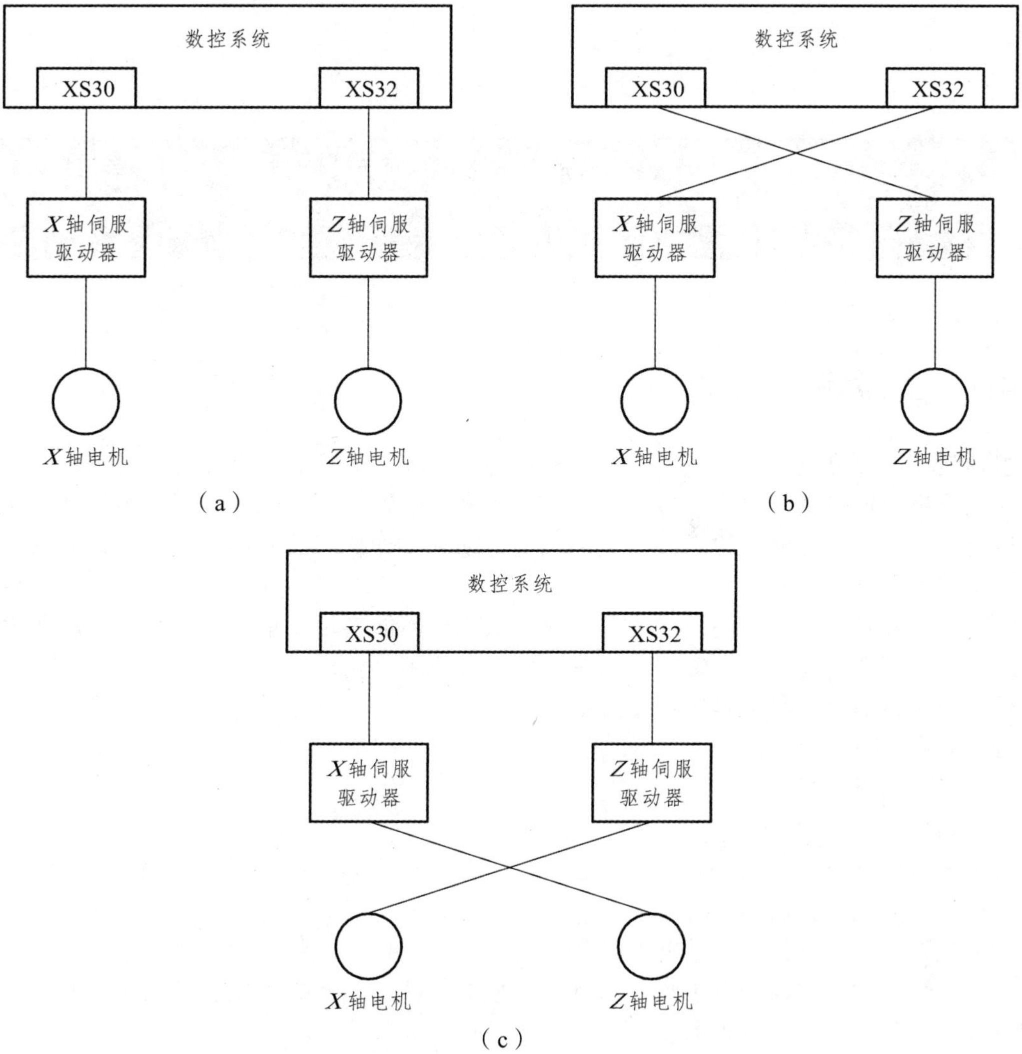


**图 3-29　采用“互换法”排除故障的连接示意图**

（2）如图（c）所示将 *X*/*Z* 轴分别接到 *Z*/*X* 轴伺服电机上，若此时 *X* 轴/*Z* 轴能正常运行，*Z* 轴/*X* 轴不能运行，即可得出结论：________________________________________

________________________________________________________________

________________________________________________________________。

# 第4章 数控机床主轴系统装调与维修

## 4.1 主轴系统概述

主轴驱动系统也叫主传动系统，是数控系统中完成主运动的动力装置。主轴驱动系统通过传动机构将主轴电动机的能量转变成安装在主轴上的刀具或工件的切削转矩和切削速度，配合进给运动，加工出理想的零件。主轴驱动运动是零件加工的成形运动之一，其精度对零件的加工精度有重大影响。

随着数控技术的不断发展，传统主轴驱动系统已不能满足要求，现代数控机床对主轴驱动系统提出了更高的要求。主轴驱动系统一般应满足下列要求：

（1）调速范围宽，尽可能实现无级变速。

（2）功率大。

（3）动态响应性好。

（4）精度高。

（5）旋转轴具有联动功能。

（6）具有恒定线速切削功能。

（7）加工中心主轴具有高精度的准停控制。

此外，部分数控机床还要求具有角度分度控制功能。因此，主轴驱动系统通常加装位置控制装置，一般采用光电编码器作为主轴的转角检测元件。

### 1. 主轴调速方法

数控机床的主轴调速是按照控制指令自动执行的，为了能同时满足对主传动的调速和输出转矩的要求，数控机床常用机电结合的方法，即同时采用电动机调速和机械齿轮变速两种方法。其中以齿轮减速增大输出转矩，并利用齿轮换挡来扩大调速范围。

1）电动机调速

用于主轴调速的调速电动机主要有直流电动机和交流电动机两大类。

2）机械齿轮变速

数控机床常采用1~4挡齿轮变速与无级调速相结合的方式，即所谓分段无级变速。采用机械齿轮减速，增大了输出转矩，并利用齿轮换挡扩大了调速范围。数控机床在加工时，主轴是按零件加工程序中主轴速度指令所指定的转速来自动运行的。数控系统通过两类主轴速度指令信号来进行控制，即用模拟量信号或数字量信号（程序中的S代码）来控制主轴电动机的驱动调速电路，同时采用开关量信号（程序上用M41~M44代码）来控制机械齿轮变速自动换挡的执行机构。

### 2. 主轴准停装置

加工中心的主轴部件上设有准停装置，其作用是使主轴每次都准确地停在固定不变的周向位置上，以保证自动换刀时主轴上的端面键能对准刀柄上的键。同时，使每次装刀时刀柄与主轴的相对位置不变，提高刀具的重复安装精度，从而可提高孔加工时孔径的一致性。另外，一些特殊工艺要求，如在通过前壁小孔镗内壁的同轴大孔，或进行反倒角等加工时，也要求主轴实现准停，使刀尖停在一个固定的方位上，以便主轴偏移一定尺寸后，使大刀刃能通过前壁小孔进入箱体内对大孔进行镗削。

目前，主轴准停装置很多，主要分为机械式和电气式两种。而采用电气方式实现准停控制实际上就是在主轴速度控制的基础上，增加了一个位置控制环。图 4-1 所示分别是采用主轴编码器和磁性开关的两种控制方案的原理示意图。

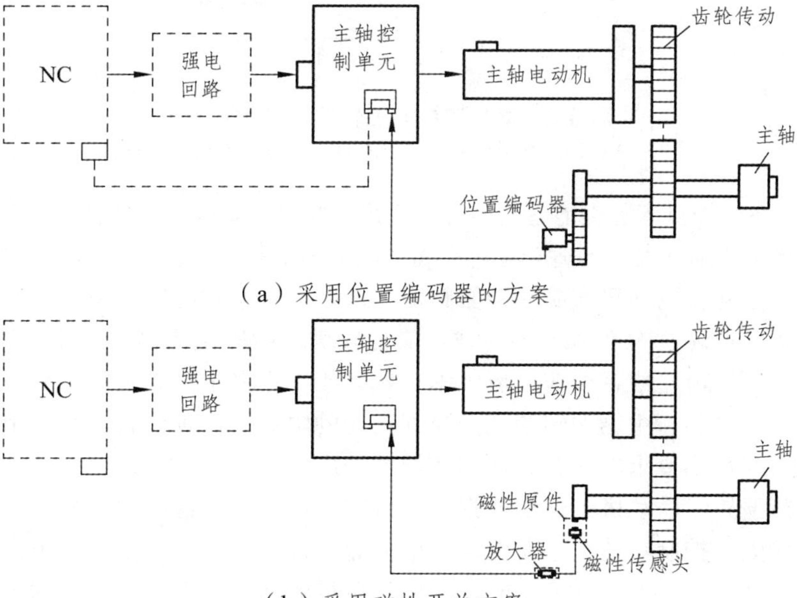

（b）采用磁性开关方案

**图 4-1　主轴准停电气控制原理图**

某加工中心采用磁性开关的电气准停装置其原理如图 4-2 所示。在带动主轴 5 旋转的多楔带轮 1 的端面上装有一个垫片 4，垫片上装有一个体积很小的永久磁铁 3，在主轴箱箱体对应于主轴停的位置上，装有磁传感器 2。当机床需要停车换刀时，数控装置发出主轴停转的指令，主轴电动机立即降速，在主轴以最低转速慢转几圈、永久磁铁 3 对准磁传感器 2 时，磁传感器发出准停信号，该信号经放大后，由定向电路控制主轴电动机停在规定的周向位置上。

机床主轴的工作运动通常是旋转运动，而进给驱动需要丝杠或其他直线运动装置做往复运动。数控机床通过主轴回转和进给轴进给的相互配合，实现刀具与工件的快速相对切削运动。

### 3. 典型主轴驱动系统的配置形式

（1）普通笼型异步电动机配齿轮变速箱。这是数控机床早期的主轴配置方式，只能实现有级调速。由于电动机始终工作在额定转速下，经齿轮减速后，在主轴低速时输出的转矩大，重切削能力强，非常适合粗加工和半精加工的要求。如果加工产品比较单一，对主轴转速没有太

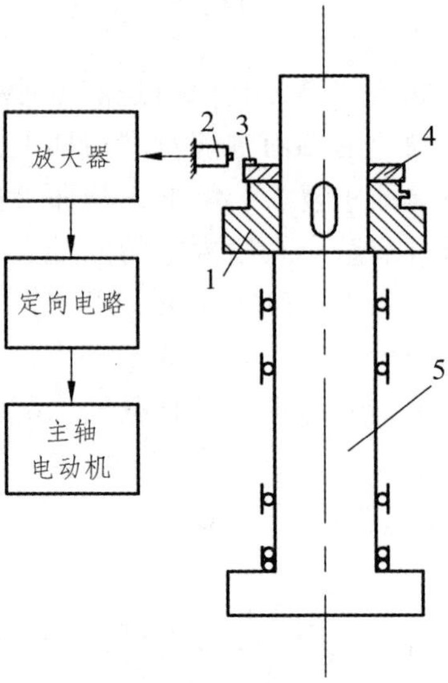


**图 4-2　某加工中心主轴准停装置示意**

1—多楔带轮；2—磁传感器；3—永磁铁；4—垫片；5—主轴。

高的要求，配置在数控机床上也能起到很好的效果，其缺点是噪声比较大。由于电动机工作在工频下，主轴转速范围不大，不适合有色金属加工和需要频繁变换主轴速度的加工场合。

（2）普通笼型异步电动机配简易型变频器。这种配置形式可以实现主轴的无级调速，但是在主轴电动机转速超过 500 r/min 时，才能有比较满意的转矩输出，否则很容易出现堵转的情况。一般采用两挡齿轮或带变速，但主轴仍然只能工作在中高速范围，另外因为受到普通电动机最高转速的限制，主轴的转速范围受到较大的限制。这种配置方案适用于需要无级调速但对低速和高速都不要求的场合，例如数控钻铣床。

（3）普通笼型异步电动机配通用变频器。目前，通用变频器除了具有 U/F 曲线调节，一般还具有无反馈矢量控制功能，会对电动机的低速特性有所改善，配合两级齿轮变速，基本上可以满足机床低速（100 ~ 200 r/min）、小加工余量的加工，但同样受电动机最高转度的限制。这是目前经济型数控机床比较常用的主轴驱动系统配置形式。

（4）专用变频电动机配通用变频器。一般采用有反馈矢量控制，低速甚至零速时都可以有较大的转矩输出，有些还具有定向甚至分度进给的功能。这类变频电动机的电压为三相 200 V、220 V、380 V、400 V；输出功率有 1.5 ~ 18.5 kW；变频范围为 2 ~ 200 Hz；支持 V/f 控制、V/f+PG（编码器）控制、无 PG 矢量控制、有 PG 矢量控制。提供通用变频器的厂家主要有西门子、三菱、日立、松下等。

就电气控制而言，机床主轴的控制是有别于机床伺服轴的。一般情况下，机床主轴的控制系统为速度控制系统，而机床伺服轴的控制系统为位置控制系统。换句话说，主轴编码器一般情况下不是用于位置反馈的（也不是用于速度反馈的），而仅作为速度测量元件使用，从主轴编码器上所获取的数据，一般有两个用途，其一是用于主轴转速显示；其二是用于主轴与伺服轴配合运行的场合（如螺纹切削加工、恒线速加工、G99 转进给等）。注：当机床主轴驱动单元使用了带速度反馈的驱动装置以及标准主轴电机时，主轴可以根据需要工作在伺服状态。此时，主轴编码器作为位置反馈元件使用。

机床主轴一般用于给机床加工提供动力，通常主轴驱动被加工工件旋转的是车削加工，所对应的机床是车床类；主轴驱动切削工件旋转的是铣削加工，所对应的机床是铣床类。主轴电机通常有普通电机与标准主轴电机两种（与之对应的驱动装置也分为开环与闭环两种）。

主轴驱动装置，有普通变频器和闭环主轴驱动装置等，普通变频器的生产厂家很多，目前市场上流行的有德国西门子公司、日本三肯、安川等。闭环主轴驱动装置一般由各数控公司自行研制并生产，如西门子公司的 611 系列、日本法那科公司的 α 系列等。

主轴编码器，机床的主轴编码器一般直接安装在主轴上或安装在主轴附近用相应传动装置与主轴相连，使其能如实地向数控系统反映主轴的转速、方向等信号。

## 4.2　主轴系统的连接

### 4.2.1　变频主轴系统

根据电气原理图、说明书，将机床主轴系统正确接线，并对变频器参数进行必要的设置，使之与其他部件相匹配，实现准确的转向、转速。

华中数控系统变频主轴连接如图 4-3 所示。

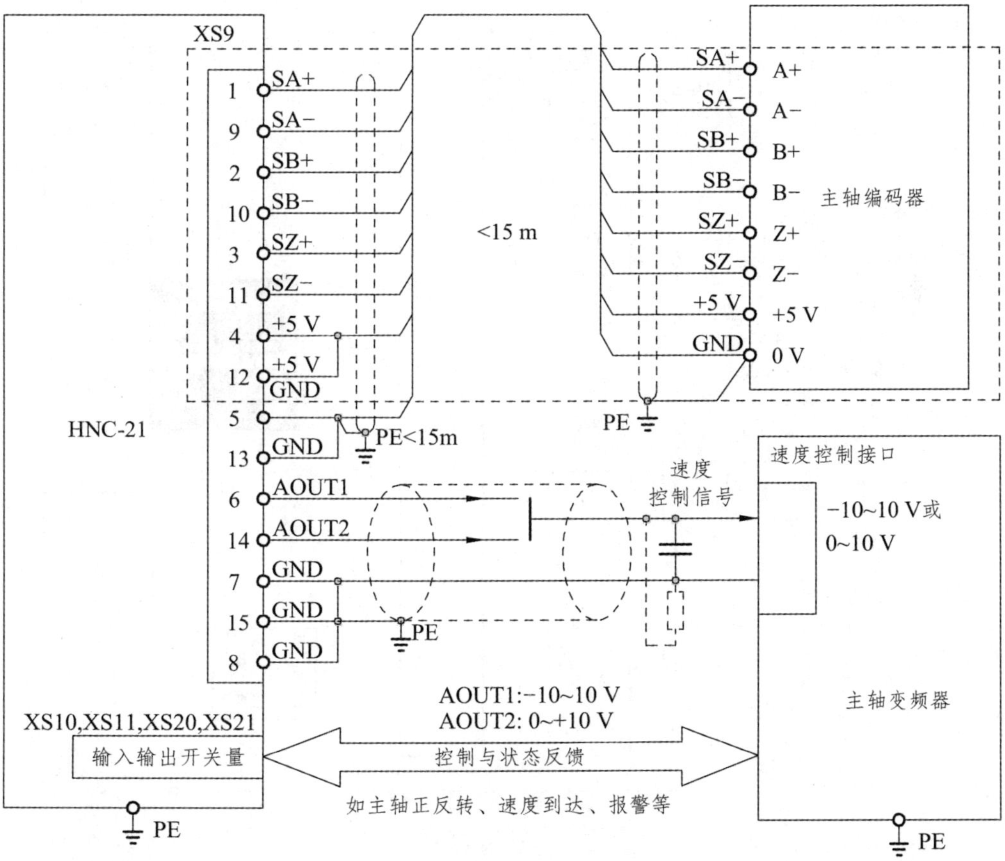


图 4-3　华中系统变频主轴连接图

变频主轴以变频器为主轴的控制及驱动部件，实现符合工艺设计需要的调速范围、输出扭矩、转向控制，并根据主轴编码器的反馈信号，在数控系统的控制下实现转速控制、主轴准停控制等功能（有些经济型数控机床主轴编码器只是实现主轴转速的测量，而不具备控制功能）。

## 技能实训 1：变频主轴系统连接与调试

任务分析：

变频主轴一般以模拟量作为频率变换控制信号，任务实施前，应做到如下几点：

（1）参考数控系统的连接说明书，熟悉数控系统的接口信号；

（2）熟悉变频器原理，变频调速原理以及编码器、数控机床主轴的功能等方面的知识；

（3）参考变频器说明书，熟悉变频器接线图；

（4）掌握基本的电工知识和电气钳工的基本技能。

下面以 SIEMENS 公司生产的 MM420 变频器（图 4-4）为例，说明变频主轴系统的接线和调试。

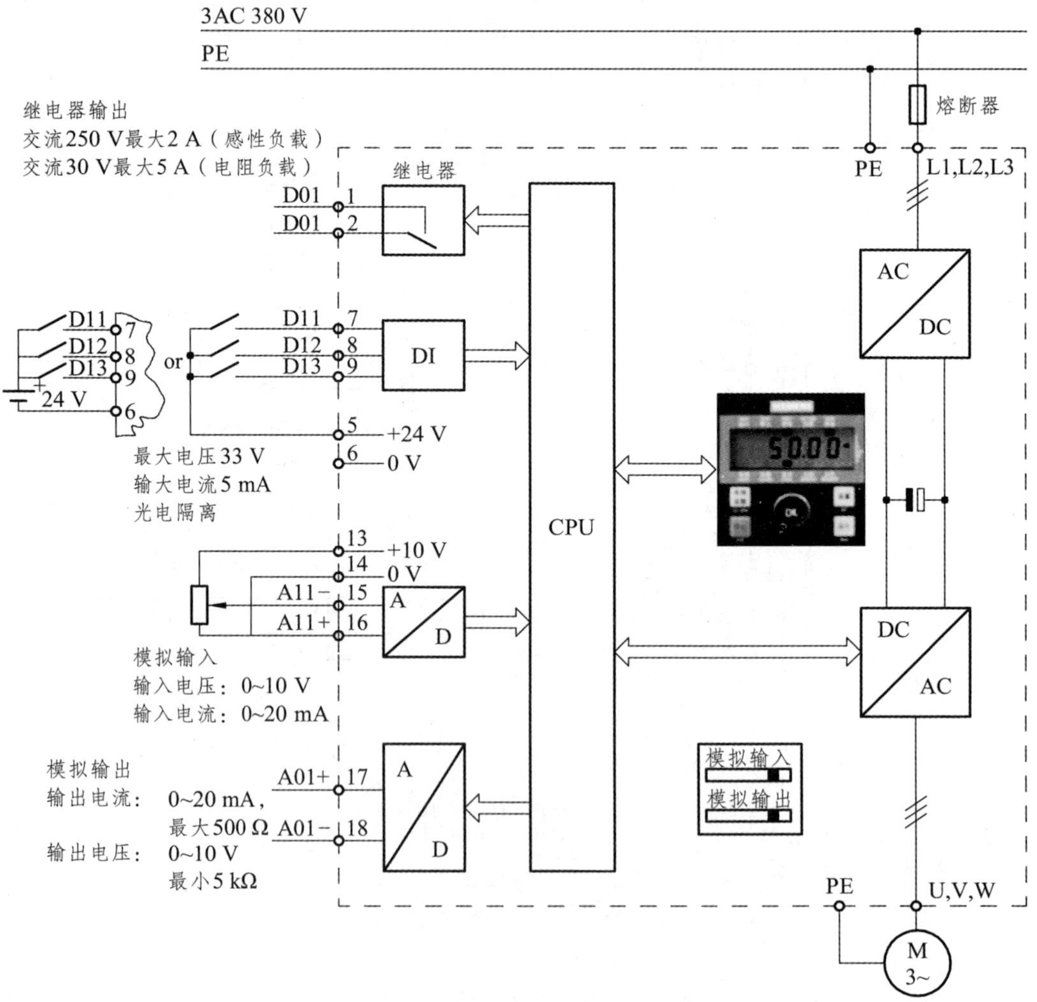


图 4-4　SIEMENS（西门子）MicroMaster420 变频器原理结构图

① 根据公式：

$$n=\frac{60f}{p}(1-s)$$

可知交流异步电机的转速 $n$ 与电源频率 $f$ 成正比，与电机的极对数 $p$ 成反比，因此，改变电机的电源频率可调节电机的转速。

通常我们为了保证在一定的调速范围内保持电动机的转矩不变，在调节电源频率 $f$ 时，必须保持磁通 $\Phi$ 不变，由公式

$$U\approx E=4.44fWK\Phi$$

可知，

$$\Phi\propto U/f$$

所以改变频率 $f$ 的同时应改变电源电压 $U$，才能保持磁通 $\Phi$ 不变，从而维持电机的输出扭矩保持一定范围内稳定。目前大部分变频器都采用了上述原理。

② MM420 变频器是具有免测速机矢量控制功能的通用型变频器，它可以计算出所需输出电流及频率的变化量以维持所期望的电机转速，而不受负载条件变化的影响。

③ 通常变频器将普通电网的交流电能变为直流电能，再根据需要转换成相应的交流电能以驱动交流电机运转。电机的运转信息可以通过相应的传感元件（如光电编码器）反馈至变频器进行闭环调节。

④ 变频器电源接线位于变频器的下端左侧，三相交流电 AC 380 V 供电时接接线端子 L1、L2、L3 及接地 PE。变频器电机接线位于变频器的下端右侧，接线端子 U、V、W 及接地 PE 引线接三相电动机。变频器的弱电控制接线端子位于下端。

⑤ 如果要访问变频器的各个参数，并能够对变频器进行参数设置，在面板上有一液晶显示屏及操作按键，见图 4-5。

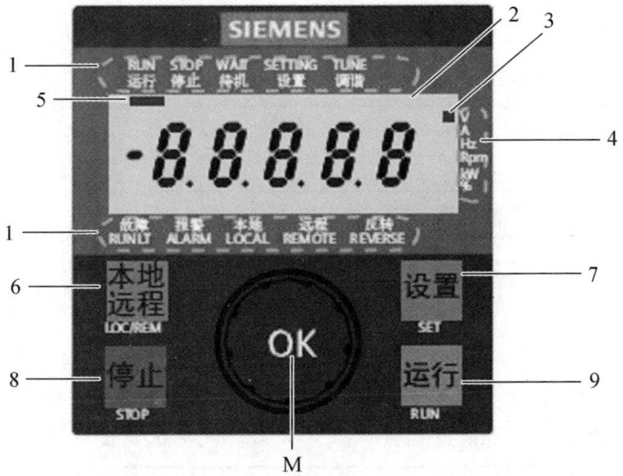


图 4-5　变频器参数设置面板

具体按键及状态定义如表 4-1 所示。

**表 4-1　按键及状态定义**

| 图例 | 含　义 | |
|---|---|---|
| ① | 变频器状态标签 | |
| | 运行 | 变频器正在工作 |
| | 停止 | 变频器停止运行 |
| | 待机 | 变频率运行准备就绪 |
| | 设置 | 指示当前显示的频率值为频率设定值；指示变频器正在确认选定的接线方式代码 |
| | 调谐 | 允许编辑参数 |
| | 故障 | 变频器发生故障 |
| | 报警 | 变频器报警 |
| | 本地 | 指令源来自操作面板 |
| | 远程 | 指令源来自外部端子 |
| | 反转 | 电机正在反转 |
| ② | 5 位 7 段 LCD 显示 | |
| ③ | 参数数据单位指示 | |
| ④ | 参数数据单位 | |
| ⑤ | 变频器状态指示 | |
| ⑥ | 本地 / 远程控制键，用于在本地与远程控制方式之间进行切换（切换控制方式会导致变频器停止运行）。<br>本地：电机运行由操作面板控制<br>远程：电机运行由外部信号源控制 | |
| ⑦ | 设置键：可以长按或短按。具体功能描述见图 4-6 | |
| ⑧ | 停止键：长按 2 s 以上：电机自由停车；短按 2 s 以下：电机桉选定的斜坡下降速率减速停车。 | |
| ⑨ | 运行键：按此键可以使电机运行 | |
| ⑩ | OK 按钮：<br>直接按 OK 按钮：故障应答；切换各种变频器状态显示；确认所选择的接线方式代码；参数值设定<br>顺时针旋转按钮：进入下一参数号或接线方式代码；使电机加速旋转；增大设定值<br>逆时针旋转：进入上一参数号或接线方式代码；使电机减速旋转；减小设定值 | |

⑥ 不同模式下的切换如图 4-5 所示。

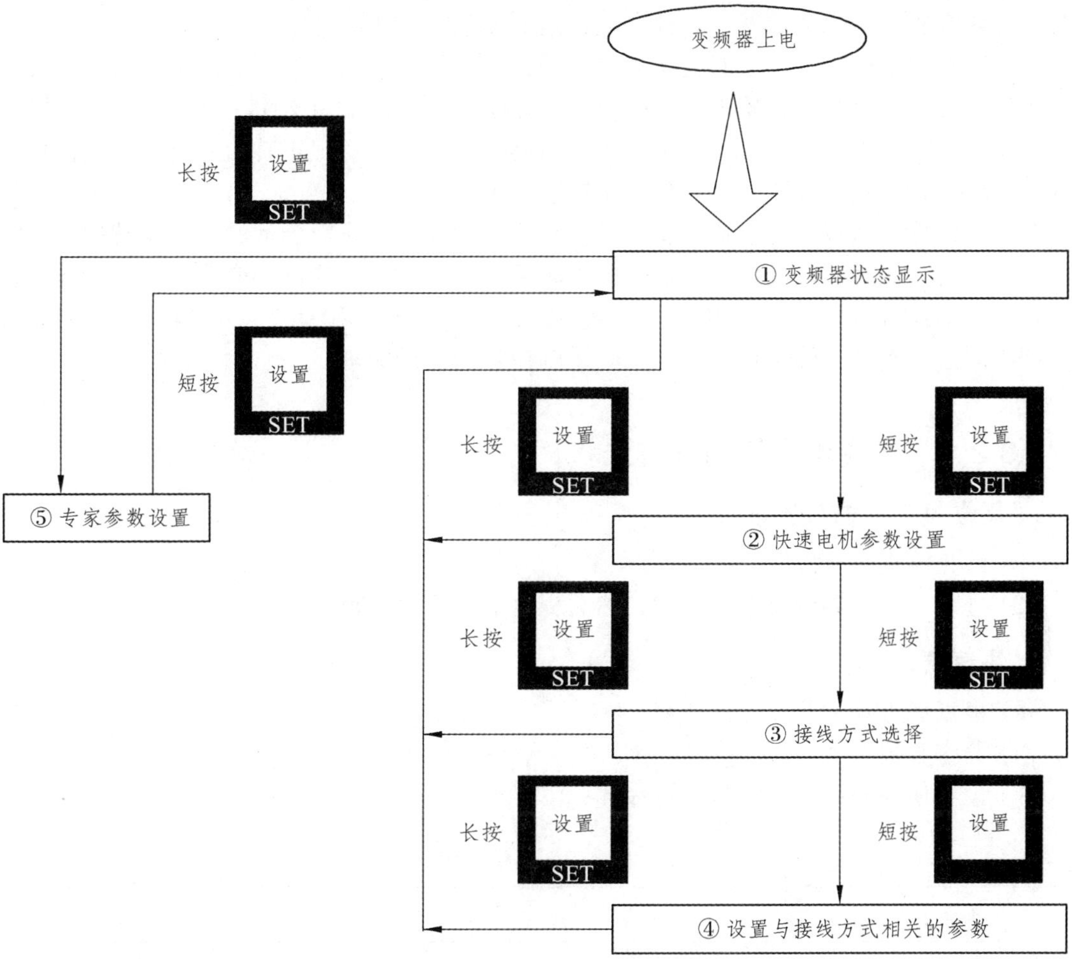


图 4-6　不同模式下的切换

⑦ 复位西门子变频器出厂数据。

⑧ 停止电机运行。

⑨“专家参数设置”模式，见图 4-6，然后根据需要更改 P0970 的数值。

## 4.3　变频主轴系统调试实验

### 4.3.1　掌握变频器的连接及模拟控制主轴的方式

（1）模拟电压输入端子（16 模拟电压正极；15 模拟地即 0 V）。

（2）正反转输入端子（7 正转；8 反转；5 公共端 24 V）。

（3）对变频器进行控制：正转、反转、停止、改变电机转速等。

操作方法为：用短接线在 16 脚接入电位器输入的模拟电压，拨通正转控制信号端子（DIN1），观察主轴实现正转。此时，旋转电位器，观察主轴转速的变化。试想为什么？

拨断正转控制信号端子（DIN1），拨通反转控制信号端子（DIN2），观察主轴实现反转。

此时，旋转实验板上的电位器，观察主轴转速的变化。试想为什么？

（4）用数控系统（CNC）对变频器进行控制，正转、反转、停止、改变电机转速等。

操作方法为：用专用的屏蔽电缆将15、16脚接入数控系统主轴接口（D/A接口）输出的模拟电压，手动操作操作面板上的主轴正转按键，观察主轴实现正转。此时，改变操作面板上的主轴倍率，观察主轴速度的变化。试想为什么？

手动操作操作面板上的主轴停止按键，随后手动操作操作面板上的主轴反转按键，观察主轴实现反转。此时，改变操作面板上的主轴倍率，观察主轴速度的变化。试想为什么？

停止主轴运行状态，在MDI方式下试给定一个速度值，用M03或M04指令控制主轴运行；用不同速度控制主轴运行。试想变频主轴模拟控制的原理。

### 4.3.2 掌握变频器的调试方法

**1. 复位为工厂的缺省设置值**

（1）停止电机运行。

（2）进入“专家参数设置”模式，然后根据需要更改P0970的数值。

**2. 快速调试**

（1）根据所选择的接线方式接线。

（2）给变频器上电。

（3）设置所需要的电机数据（见表4-2）。

**表4-2　电机数据**

| 参数号 | 参数名称 |
| --- | --- |
| P0304 | 电机的额定电压 |
| P0305 | 电机的额定电流 |
| P0307 | 电机的额定功率 |
| P0308 | 电机的额定功率因数 |
| P0309 | 电机的额定效率 |
| P0310 | 电机的额定频率 |
| P0311 | 电机的额定速度 |
| P0320 | 电机磁化电流 |
| P0335 | 电机冷却 |
| P0350 | 定子电阻（线间） |

（4）选择需要的接线方式代码。

（5）设置与接线方式相关的参数（见表4-3）。

表 4-3　相关参数

| 参数号 | 参数名称 |
|---|---|
| P1080 | 最小频率 |
| P1082 | 最大频率 |
| P1120 | 斜坡上升时间 |
| P1121 | 斜坡下降时间 |
| P1200 | 捕捉再启动 |
| P1210 | 自动再重启 |
| P1300 | 控制方式 |
| P2280 | PI 比例增益系数 |
| P2285 | PI 积分增益系数 |
| P2293 | PI 限幅值的斜坡上升 / 下降时间 |

（6）根据需要设置专家参数。

快速调试完后，进行应用调试（数字输入端 DIN 的确认 P0701-P0702）确认。以上步骤结束后，参照步骤 1，用不同方式控制主轴运行。

※说明：在调试参数时，应明白各参数的意义，对主轴性能的影响。

### 4.3.3　变频主轴的故障设置及排除

本实验台采用故障模拟真实机床，从原理出发，使学生掌握模拟主轴控制的方式。在实验板的右下角有四个拨码开关，拨码开关主要起接通和断开主轴正反转信号和模拟电压的作用，具体参照随机所配的拨码开关表。

（1）断开正转信号拨码开关，用 NC 系统控制主轴正转，此时，主轴实现不了正转；恢复拨码开关初始值，用 NC 系统控制主轴正转，此时，主轴实现正转，试想为什么？

（2）断开反转信号拨码开关，用 NC 系统控制主轴反转，此时，主轴实现不了反转；恢复拨码开关初始值，用 NC 系统控制主轴反转，此时，主轴实现反转，试想为什么？

（3）确保正反转信号拨码开关均接通，断开模拟电压的任意一个或两个拨码开关，用 CNC 系统控制主轴正反转。此时，主轴实现不了正反转。用万用表量变频器 9、10 两脚电压，万用表显示 0。恢复拨码开关，用 NC 系统控制主轴正反转。此时，主轴实现正反转。用万用表量变频器 9、10 两脚电压，万用表显示一定电压。试想为什么？

### 相关知识点

**※变频器原理**

变频器（Variable-frequency Driver，VFD）是应用变频技术与微电子技术，通过改变电机工作电源频率方式来控制交流电动机的电力控制设备。

变频器主要由整流（交流变直流）、滤波、逆变（直流变交流）、制动单元、驱动单元、检测单元、微处理单元等组成的。

我们使用的电源分为交流电源和直流电源，一般的直流电源大多是由交流电源通过变压器变压，整流滤波后得到的。交流电源在人们使用的电源中占总使用电源的 95%左右。

无论是用于家庭还是用于工厂，单相交流电源和三相交流电源其电压和频率均按各国的规定有一定的标准，如我国大陆规定，直接用户单相交流电为 220 V，三相交流电线电压为 380 V，频率为 50 Hz，其他国家的电源电压和频率可能与我国的电压和频率不同，如有单相 100 V/60 Hz，三相 200 V/60 Hz，等等，标准的电压和频率的交流供电电源叫工频交流电。

通常，把电压和频率固定不变的工频交流电变换为电压或频率可变的交流电的装置称作“变频器”。为了产生可变的电压和频率，该设备首先要把电源的交流电变换为直流电（DC），这个过程叫整流。逆变器是把直流电源逆变为一定频率和一定电压的逆变电源。对于逆变为频率可调、电压可调的逆变器我们称为变频器。

变频器输出的波形是模拟正弦波，主要是用在三相异步电动机调速，又叫变频调速器。

对于主要用在仪器仪表的检测设备中的波形要求较高的可变频率逆变器，要对波形进行整理，可以输出标准的正弦波，叫变频电源。

变频器的工作原理被广泛应用于各个领域。例如计算机电源的供电，在该项应用中，变频器用于抑制反向电压、频率的波动及电源的瞬间断电。

变频器主要采用交-直-交方式（VVVF 变频或矢量控制变频），先把工频交流电源通过整流器转换成直流电源，然后再将直流电源转换成频率、电压均可控制的交流电源以供给电动机。

变频器各组成部分原理：

由于微处理器和半导体技术的发展及其价格的降低，使变频器发生了很大的变化。但是，变频器的基本原理并没有变，其基本组成如图 4-7 所示。

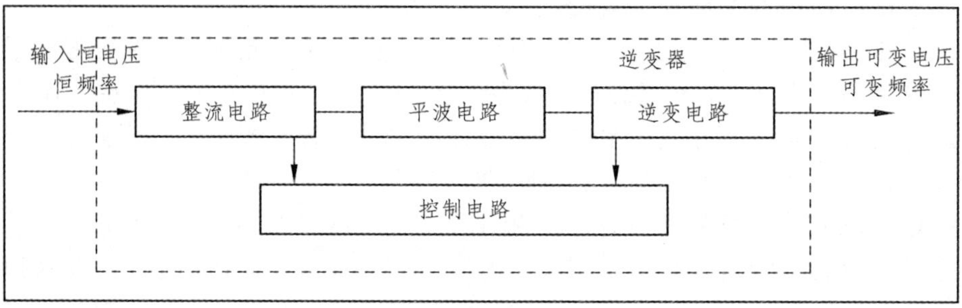


图 4-7　变频器基本组成

变频器可以分为四个主要部分：

### 1. 整流器

整流器与单相或三相交流电源相连接，产生脉动的直流电压。整流器有两种基本类型——可控和不可控的。变频器中的整流器可由二极管或晶闸管单独构成，也可由两者共同构成。由二极管构成的是不可控整流器，由晶闸管构成的是可控整流器。二极管和晶闸管都用的整流器是半控整流器。

### 2. 中间电路

中间电路有以下三种类型：

（1）将整流电压变换成直流电流。

（2）使脉动的直流电压变得稳定或平滑，供逆变器使用。

（3）将整流后固定的直流电压变换成可变的直流电压。

中间电路可看作是一个能量的存储装置，电动机可以通过逆变器从中间电路获得能量。和逆变器不同，中间电路可根据三种不同的原理构成。

在使用电源逆变器时，中间电路由一个大的电感线圈构成，它只能与可控整流器配合使用。电感线圈将整流器输出的可变电流电压转换成可变的直流电流。电机电压的大小取决于负载的大小。

中间电路的滤波器使斩波器输出的方波电压变得平滑。滤波器的电容和电感使输出电压在给定频率下维持一定。

中间电路还能提供如下一些附加功能，这取决于中间电路的设计。例如：

（1）使整流器和逆变器解耦。

（2）减少谐波。

（3）储存能量以承受断续的负载波动。

逆变器是变频器最后一个环节，其后与电动机相联。它最终产生适当的输出电压。

变频器通过使输出电压适应负载的办法，保证在整个控制范围内提供良好的运行条件。这方法是将电机的励磁维持在最佳值。

### 3. 逆变器

逆变器产生电动机电压的频率。另外，一些逆变器还可以将固定的直流电压变换成可变的交流电压。

逆变器可以从中间电路得到以下三者之一：

（1）可变直流电流。

（2）可变直流电压。

（3）固定直流电压。

在以上每种情况下，逆变器都要确保给电机提供可变的量。换句话说，电动机电压的频率总是由逆变器产生的。如果中间电路提供的电流或电压是可变的，逆变器只需调节频率即可。如果中间电路只提供固定的电压，则逆变器既要调节电动机的频率，还要调节电动机的电压。

晶闸管在很大程度上被频率更好的晶体管所取代，因为晶体管可以很快速地导通和关断。开关频率取决于所用的半导体器件，典型的开关频率在 300 Hz ~ 20 kHz。

逆变器中的半导体器件，由控制电路产生的信号使其导通和关断。这些信号可以受到不同的控制。

此外提一下，还有一种没有中间电路的直接变频器。这种变频器用于功率等级不兆瓦级的地方，它们直接将 50 Hz 电源变换为一个低频电源，其最大输出频率为 30 Hz。

### 4. 控制电路

控制电路将信号传送给整流器、中间电路和逆变器，同时它也接收来自这部分的信号。

具体被控制的部分取决于各个变频器的设计。

## 技能实训 2：伺服主轴系统的连接与调试

伺服主轴连接如图 4-8 所示。

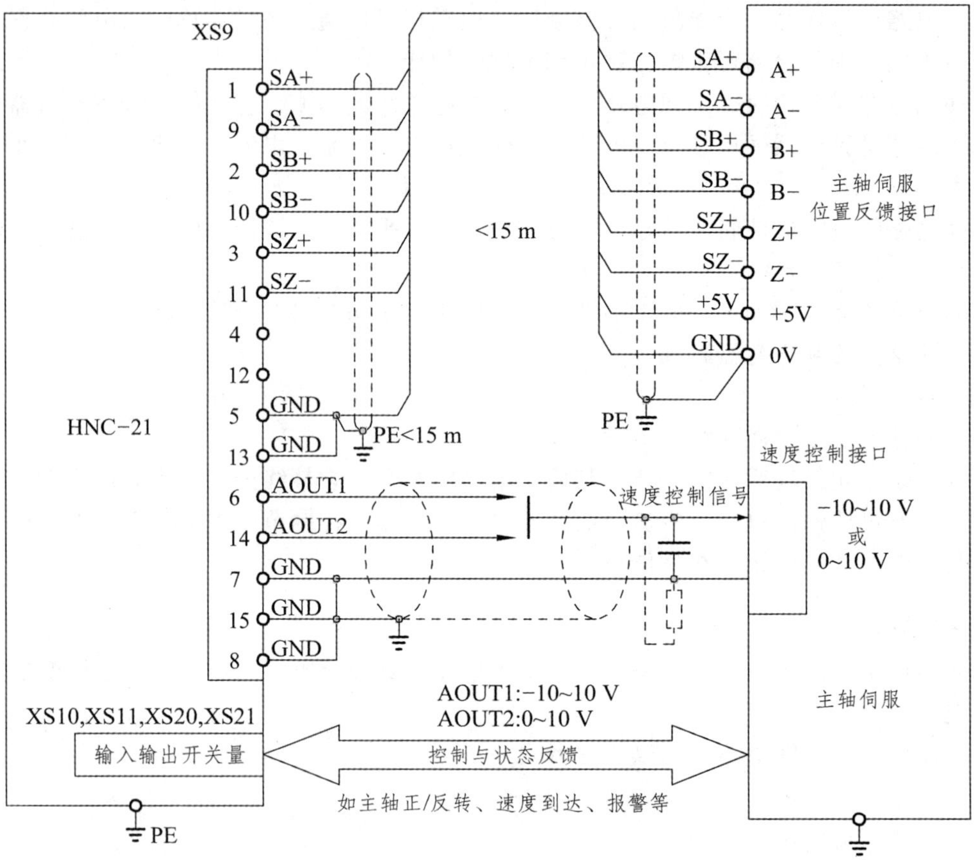


图 4-8　华中系统与伺服主轴的连接

说明：伺服主轴系统连接调试的相关内容可参考伺服进给系统部分。

## 习题与思考

1. 变频主轴的主要功能有哪些？分别是如何通过变频器实现的？
2. 画出变频器控制电路的基本控制框图。
3. 绘制变频调速系统的电气连接图。

# 第5章　数控机床进给伺服系统装调与维修

## 5.1　数控机床伺服系统概述

### 5.1.1　伺服进给系统的作用及其驱动方式

数控机床进给伺服驱动系统是以机床移动部件的位置和速度为控制量，接受来自插补装置或插补软件生成的进给脉冲指令，经过一定的信号变换、电压和功率放大、检测反馈，最终传送到机床工作台相对于刀具运动的控制系统。

数控机床伺服系统又称为位置随动系统、驱动系统、伺服机构或伺服单元。该系统包括了大量的电力电子器件，结构复杂，综合性强。

进给伺服系统是数控系统主要的子系统。如果说 CNC 装置是数控系统的“大脑”，是发布命令的“指挥所”，那么进给伺服系统则是数控系统的“四肢”，是一种“执行机构”。它忠实地执行由 CNC 装置发来的运动命令，精确控制执行部件的运动方向，进给速度与位移量。

数控机床进给伺服驱动对位置精度、快速响应特性、调速范围等有较高的要求，实现进给伺服驱动的电动机主要有步进电动机、直流伺服电动机和交流伺服电动机三种。目前，步进电动机只适用于经济型数控机床，直流伺服电动机在我国正广泛使用，交流伺服电动机作为比较理想的驱动元件已成为进给伺服驱动电动机的发展趋势。

**1. 步进进给伺服驱动系统**

步进进给伺服驱动系统是一种利用脉冲信号进行控制，并将脉冲信号转换成相应的角位移的控制系统。其角位移与脉冲数成正比，转速与脉冲频率成正比，通过改变脉冲频率即可调节电机转速。如果停机后某地组仍保持通电状态，则系统具有自锁能力。步进电机每转一周都有固定的步数，从理论上说步进电机的步距误差不会累积。

步进伺服结构简单，符合系统数字化发限需要，但精度差、能耗高、速度低，其功率越大移动速度越低。故主要用于速度与精度要求不高的经型数控机床及旧设备改造。但近年发展起来的恒斩波驱动、PWM 驱动、微步驱动、超微步驱动和混合伺服技术使得步进电动机的高、低频特性得到了很大的提高。随着智能超微步驱动技术的发展，步进伺服驱动系统的性能将提高到一个新的水平。

**2. 直流进给伺服驱动系统**

直流进给伺服驱动系统的工作原理是建立在电磁力定律基础上的，与电磁转矩相关的是互相独立的两个变量：主磁通与电枢电流，它们分别控制励磁电流与电枢电流，可方便地进行转矩与转速控制。从控制角度看，直流伺服的控制是一个单输入单输出的单变量控制系统，经典控制理论完全适用于这种系统，因此，直流进给伺服系统控制简单、调速性能优异，在数控机床的进给伺服驱动中曾占据着主导地位。

从实际运行考虑，直流伺服电动机引入了机械换向装置，其成本高、故障多、维护困难，经常因碳刷产生的火花而影响生产，并会对其他设备产生电磁干扰。同时，机械换向器的换向能力限制了电动机的容量和速度。电动机的电枢在转子上，使得电动机效率低，散热性能差。但为了改善换向能力，减小电枢的漏感，如果把转子做得短粗又会影响系统的动态性能。

**3. 交流进给伺服驱动系统**

针对直流电动机的缺陷，如果将其做“里翻外”的处理，即把电枢绕组装在定子上，转子为永磁部件，由转子轴上的编码器测出磁极位置，就构成了永磁无刷电动机。随着矢量控制方法的实用化，使交流服系统具有良好的伺服特性，其调速范围宽、稳速精度高、动态响应快速及四象限运行等良好的技术性能，使其动、静态特性已完全可与直流伺服系统相媲美。另外，交流伺服可实现弱磁高速控制，拓宽了系统的调速范围，适应了高性能伺服驱动的要求。

目前，在机床进给伺服中采用的主要是永磁同步交流伺服系统，有模拟、数字和软件控制三种类型。模拟伺服用途单一，只接收模拟信号，位置控制通常由上位机实现。数字伺服可实现一机多用，如速度、力矩、位置控制，可接收模拟指令和脉冲指令，各种参数均以数字方式改定，稳定性好，具有较丰富的自诊断、报警功能。软件伺服是基于微处理器的全数字伺服系统，其将各种控制方式和不同规格、功率的伺服电动机的监控程序以软件实现。使用时可由用户设定代码与相关的数据即自动进入工作状态。软件伺服配有数字接口，改变工作方式、更换电动机规格时，只需重设代码即可，故也称万能伺服。

交流伺服已占据了机床进给伺服的主导地位，并随着新技术的发展而不断完善，具体体现在三个方面：一是系统功率驱动装置中的电力电子器件不断向高频化方向发展，智能化功率模块得到普及与应用；二是基于微处理器嵌入式平台技术的成熟，将促进先进控制算法的应用；三是网络化制造模式的推广及现场总线技术的成熟，将使基于网络的伺服控制成为可能。

## 5.1.2 伺服系统的组成

进给伺服驱动系统结构框图如图 5-1 所示。

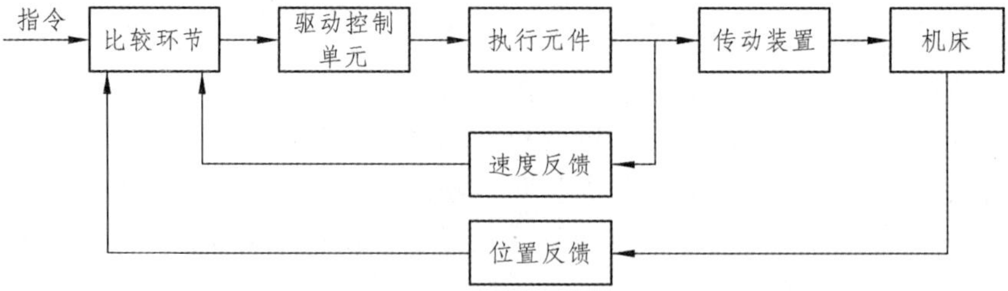


图 5-1 进给伺服驱动系统结构框图

伺服系统一般由伺服电机、驱动信号控制转换电路、电子电力驱动放大模块、位置调节单元、速度调节单元、电流调节单元、检测装置等模块组成，如图 5-2 所示。

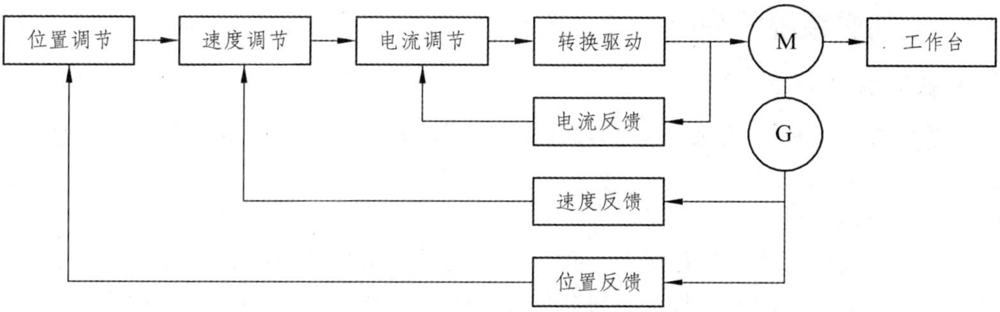


图 5-2　伺服系统组成

一般闭环系统为“三环”结构：位置环、速度环、电流环。位置、速度和电流环均由调节控制模块、检测和反馈部分组成。电力电子驱动装置由驱动信号产生电路和功率放大器组成。

严格来说，位置控制包括位置、速度和电流控制；速度控制包括速度和电流控制。

### 5.1.3　数控机床对伺服系统的基本要求

**1. 精度高**

伺服系统的精度是指输出量能复现输入量的精确程度。包括定位精度和轮廓加工精度。

**2. 稳定性好**

稳定是指系统在给定输入或外界干扰作用下，能在短暂的调节过程后，达到新的或者恢复到原来的平衡状态。直接影响数控加工的精度和表面粗糙度。

**3. 快速响应**

快速响应是伺服系统动态品质的重要指标，它反映了系统的跟踪精度。

**4. 调速范围宽**

调速范围是指生产机械要求电机能提供的最高转速和最低转速之比：0 ~ 24 m/min。

**5. 低速大转矩**

进给坐标的伺服控制属于恒转矩控制，在整个速度范围内都要保持这个转矩；主轴坐标的伺服控制在低速时为恒转矩控制，能提供较大转矩。在高速时为恒功率控制，具有足够大的输出功率。

对伺服电机的要求：

（1）调运范围宽且有良好的稳定性，低速时的速度平稳性。

（2）电机应具有大的、较长时间的过载能力，以满足低速大转矩的要求。

（3）反应速度快，电机必须具有较小的转动惯量、较大的转矩、尽可能小的机电时间常数和很大的加速度（400 rad/$s^2$ 以上）。

（4）能承受频繁的启动、制动和正反转。

## 5.1.4 伺服系统的分类

### 1. 按伺服方式分类

伺服系统按照伺服方式来分类，可分为开环伺服系统、半闭环伺服系统和全闭环伺服系统。

1）开环控制系统

开环控制数控机床的控制系统没有位置检测元件，伺服驱动部件通常为反应式步进电动机或混合式伺服步进电动机。数控系统每发出一个进给指令，经驱动电路功率放大后，驱动步进电动机旋转一个角度，再经过齿轮减速装置带动丝杠旋转，通过丝杠螺母机构转换为移动部件的直线位移。移动部件的移动速度与位移量是由输入脉冲的频率与脉冲数所决定的。此类数控机床的信息流是单向的，即进给脉冲发出去后，实际移动值不再反馈回来，所以称为开环控制数控机床。

开环控制系统没有位置测量装置，信号流是单向的（数控装置→进给系统），故系统稳定性好。但开环系统无位置反馈，精度相对闭环系统来讲不高，其精度主要取决于伺服驱动系统和机械传动机构的性能和精度。

开环系统一般以功率步进电机作为伺服驱动元件。

这类系统具有结构简单、工作稳定、调试方便、维修简单、价格低廉等优点，在精度和速度要求不高、驱动力矩不大的场合得到广泛应用，一般用于经济型数控机床（其控制原理如图 1-6 所示）。

2）半闭环控制系统

半闭环控制数控机床位置检测元件被安装在电动机轴端或丝杠轴端，它不是直接检测运动部件的实际位置，而是通过角位移的测量间接计算出机床工作台的实际运行位置（直线位移），并将其与 CNC 装置计算出的指令位置（或位移）相比较，用差值进行控制。

由于半闭环系统的环路内不包括丝杠、螺母副及机床工作台这些大惯性环节，由这些环节造成的误差不能由环路所矫正，其控制精度不如全闭环控制数控系统，但其调试方便，可以获得比较稳定的控制特性，因此在实际应用中，半闭环控制数控系统的调试比较方便，并且具有很好的稳定性。目前大多将角度检测装置和伺服电动机设计成一体，这样，使其结构更加紧凑。这种方式得到了广泛采用（其控制原理如图 1-8 所示）。

3）全闭环控制系统

全闭环控制数控机床是在机床移动部件上直接安装直线位移检测装置，直接对工作台的实际位移进行检测，将测量的实际位移值反馈到数控装置中，与输入的指令位移值进行比较，用差值对机床进行控制，使移动部件按照实际需要的位移量运动，最终实现移动部件的精确运动和定位的机床。从理论上讲，全闭环系统的运动精度主要取决于检测装置的检测精度，与传动链的误差无关，因此其控制精度高。

全闭环控制数控机床的定位精度高，但实际上位置环内的许多机械传动环节的摩擦特性、刚度和间隙都是非线性的，故很容易造成系统的不稳定，影响系统的精度，导致闭环系统的设计、安装、调试和维修都较困难，系统复杂，成本高。这类系统主要用于精度要求很高的数控镗、铣床，超精车床，超精磨床以及较大型的数控机床等（其控制原理如图 1-7 所示）。

4）混合控制数控机床

将以上三类数控机床的特点结合起来就形成了混合控制数控机床。混合控制数控机床特别适用于大型或重型数控机床，因为大型或重型数控机床需要较高的进给速度与相当高的精度，其传动链惯量与力矩大，如果只采用全闭环控制，机床传动链和工作台全部置于控制闭环中，闭环调试比较复杂。混合控制系统又分为两种形式：

（1）开环补偿型。该类机床的基本控制选用步进电动机的开环伺服机构，另外附加一个校正电路。用装在工作台的直线位移测量元件的反馈信号校正机械系统的误差。

（2）半闭环补偿型。该类机床是用半闭环控制方式取得高精度控制，再用装在工作台上的直线位移测量元件实现全闭环修正，以获得高速度与高精度的统一。

### 2. 按使用的执行元件分类

1）电液伺服系统

电液伺服系统采用电液脉冲电机和电液伺服电机为执行元件。优点：在低速下可以得到很高的输出力矩，刚性好，时间常数小、反应快和速度平稳。

缺点：液压系统需要供油系统，体积大、有噪声、会漏油。

2）电气伺服系统

伺服电机（步进电机、直流电机和交流电机）。

优点：操作维护方便，可靠性高。

（1）直流伺服系统。进给运动系统采用大惯量宽调速永磁直流伺服电机和中小惯量直流伺服电机；主运动系统采用他激直流伺服电机。优点：调速性能好。缺点：有电刷，速度不高。

（2）交流伺服系统。交流感应异步伺服电机（一般用于主轴伺服系统）和永磁同步伺服电机（一般用于进给伺服系统）。优点：结构简单、不需维护、适合于在恶劣环境下工作。动态响 应好、转速高和容量大。

### 3. 按被控对象分类

（1）进给伺服系统指一般概念的位置伺服系统，包括速度控制环和位置控制环。

（2）主轴伺服系统一般只是一个速度控制系统。

### 4. 按反馈比较控制方式分类

（1）脉冲、数字比较伺服系统。

（2）相位比较伺服系统。

（3）幅值比较伺服系统。

## 5.2　伺服进给系统的连接

### 1. 华中数控系统 HNC-21 系列脉冲进给驱动接口

华中 HNC-21 系列脉冲进给驱动接口使用脉冲信号传递位置指令，可控制各种步进电机驱动、装置脉冲接口伺服驱动装置，其特点是通用性强，信号传递抗干扰能力强，不会发生漂移，但构成全闭环需在驱动装置中完成。

脉冲进给驱动接口引脚定义如图 5-3 所示。

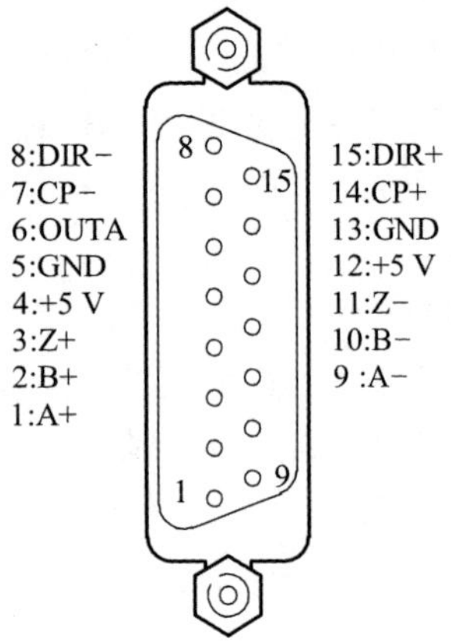


| 信号名 | 说　明 |
|---|---|
| A＋、A－ | 编码器 A 相位反馈信号 |
| B＋、B－ | 编码器 B 相位反馈信号 |
| Z＋、Z－ | 编码器 Z 脉冲反馈信号 |
| ＋5 V，GND | DC 5 V 电源 |
| OUTA | 模拟指令输出（－20～＋20 mA） |
| CP＋、CP－ | 指令脉冲输出（A 相） |
| DIR＋、DIR－ | 指令方向输出（B 相） |

图 5-3　脉冲进给驱动接口引脚定义

## 2. 脉冲进给伺服系统的连接

（1）脉冲进给伺服系统连接图例（1）如图 5-4 所示。

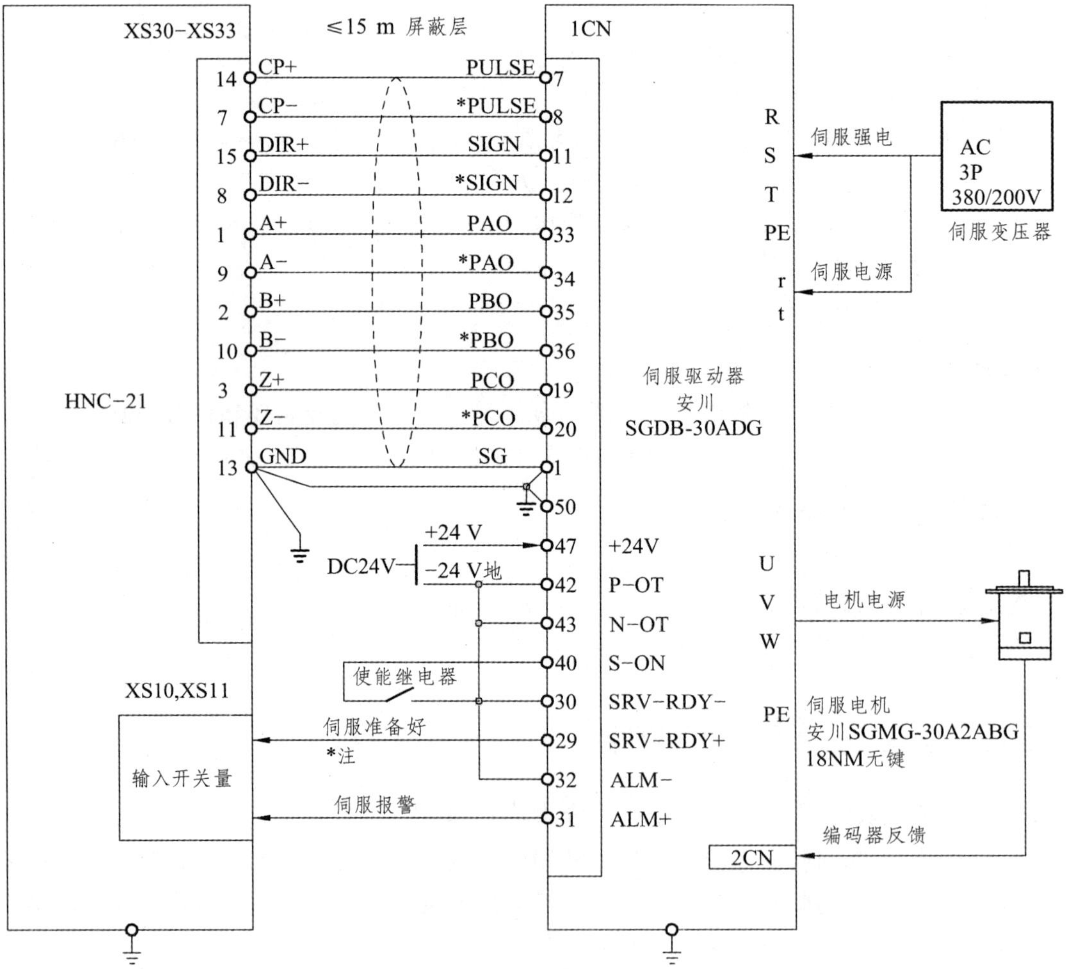


图 5-4　脉冲进给伺服系统连接示例（1）

（2）脉冲进给伺服系统连接图例（2）如图 5-5 所示。

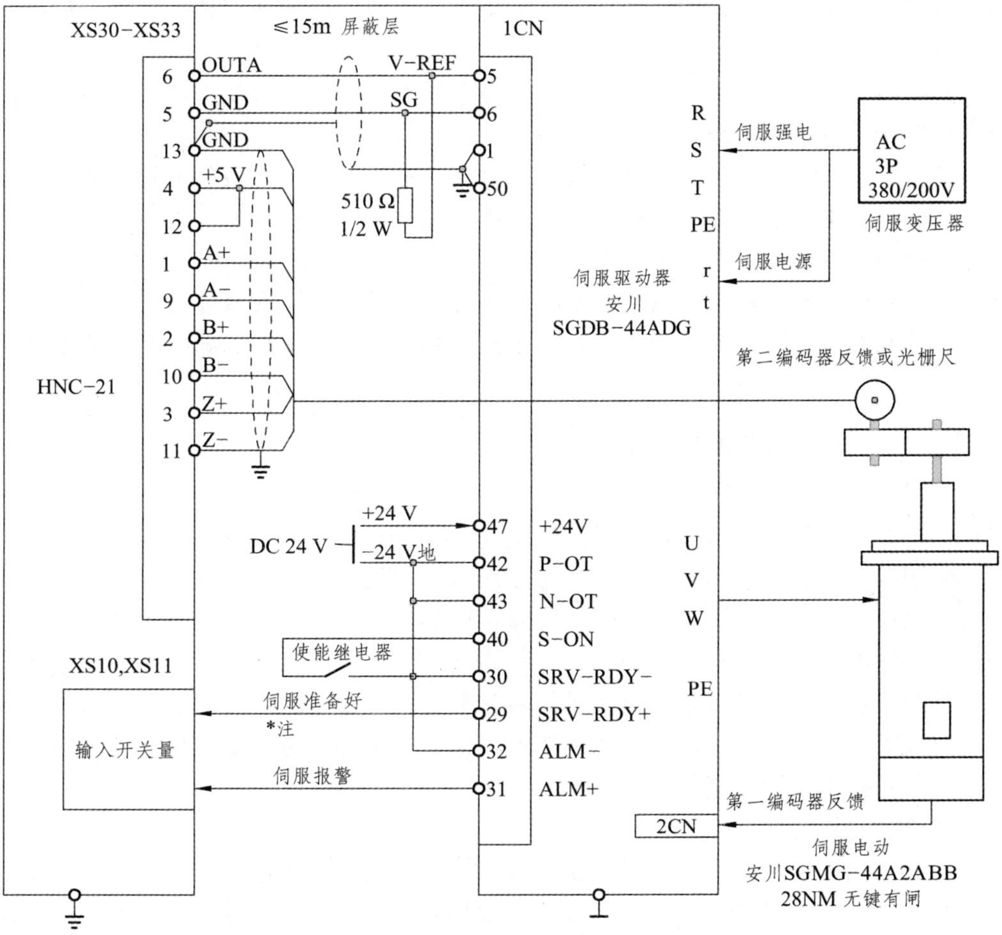


图 5-5　脉冲进给伺服系统连接示例（2）

## 5.3　位置检测装置

### 5.3.1　位置检测装置概述

数控装置根据输入的程序指令及数据，经插补运算后得到位置控制指令，位置检测装置将机床移动部件的实际位置信号反馈给数控装置，构成全闭环或半闭环的位置控制。因此，位置检测装置在伺服系统中具有不可或缺的重要作用。

在比较环节完成位置比较后，数控装置输出速度控制指令至各坐标轴的驱动控制单元，驱动执行元件（伺服电动机）和传动装置（滚珠丝杠螺母副）实现机床的进给运动。伺服电动机检测装置将转速信号反馈至数控装置，与速度控制指令比较，构成速度反馈控制。因此，进给伺服驱动系统实际上是外环为位置环、内环为速度环的控制系统。对进给伺服系统的维护及故障诊断也将落实到位置环和速度环上。组成这两个环的硬件主要有：用于位置检测的光栅、光电编码器、感应同步器、旋转变压器、磁栅等；用于速度检测的测速发电动机或光电编码器等。

**1. 数控检测装置的性能指标**

（1）精度。检测值与真值的接近程度称为精度，数控用传感器要满足高精度和高速实时测量的要求。

（2）分辨率。分辨率应适应机床精度和伺服系统的要求。分辨率提高，对提高系统其他性能指标和运行平稳性都很重要。

（3）灵敏度。实时测量装置灵敏度要高，输出、输入关系中对应的灵敏度要求一致。

（4）迟滞。对某一输入量，传感器的正行程的输出量和反行程的输出量的不一致，称为迟滞。数控伺服系统的传感器要求迟滞要小。

（5）测量范围。传感器的测量范围要满足系统的要求，并留有余地。

（6）零漂与温漂。传感器的漂移量是其重要性能标志，它反映了随时间和温度的改变，传感器测量精度的微小变化。

**2. 数控检测装置的测量方式**

1）直接测量和间接测量

位置传感器按形状可分为直线式和旋转式。用直线式位置传感器测直线位移，用旋转式位置传感器测角位移，这种测量方式称为直接测量。由于检测装置要和行程等长，故其在大型数控机床的应用中受到了限制。旋转式位置传感器测量的回转运动只是中间值，由它再推算出与之相关联的工作台的直线位移，那么该测量方式称为间接测量。这种检测方式先由检测装置测量进给丝杠的旋转位移，再利用旋转位移与直线位移之间的线性关系求出直线位移量。由于存在着直线与回转运动间的中间传递误差，故间接测量的准确性和可靠性不如直接测量，但其优点是无长度限制。

2）数字式测量和模拟式测量

数字式测量是以量化后的数字形式表示被测量，得到的测量信号通常是电脉冲信号，以脉冲个数表示位移；模拟式测量是以模拟量表示被测量，得到的测量信号是电压或电流，电压或电流的大小反映位移量的大小。由于模拟量需经 A/D 转换后才能被计算机数控系统接受，所以目前模拟式测量在计算机数控系统中应用较少。而数字式测量检测装置简单，信号抗干扰能力强，且便于显示和处理，所以目前应用非常普遍。

3）增量式测量和绝对式测量

增量式测量的特点是只测量位移增量，即工作台每移动一个基本长度单位，检测装置便发出一个测量信号，此信号通常是脉冲形式。这样，一个脉冲所代表的基本长度单位就是分辨率，而通过对脉冲计数便可得到位移量。绝对式测量的特点是每一个被测点都有一个对应的编码，常以二进制数据形式来表示。旋转编码器是一种旋转式的角位移检测装置，在数控机床中得到了广泛的应用。

### 5.3.2 旋转编码器

旋转编码器通常安装在被测轴上，随被测轴一起转动，直接将被测角位移转换成数字（脉冲）信号，所以也称旋转脉冲编码器，这种测量方式没有累积误差。

旋转编码器也可用来检测转速。按输出信号形式，旋转编码器可以分为绝对式和增量式两种类型。

### 1. 绝对式光电编码器

绝对式编码器的编码盘上有导电和绝缘的编码图案，编码方式可以有二进制编码、二进制循环编码（格雷码）、BCD 码等。绝对式光电编码器通过读取编码盘上的编码图案来确定位置，如图 5-6 所示。

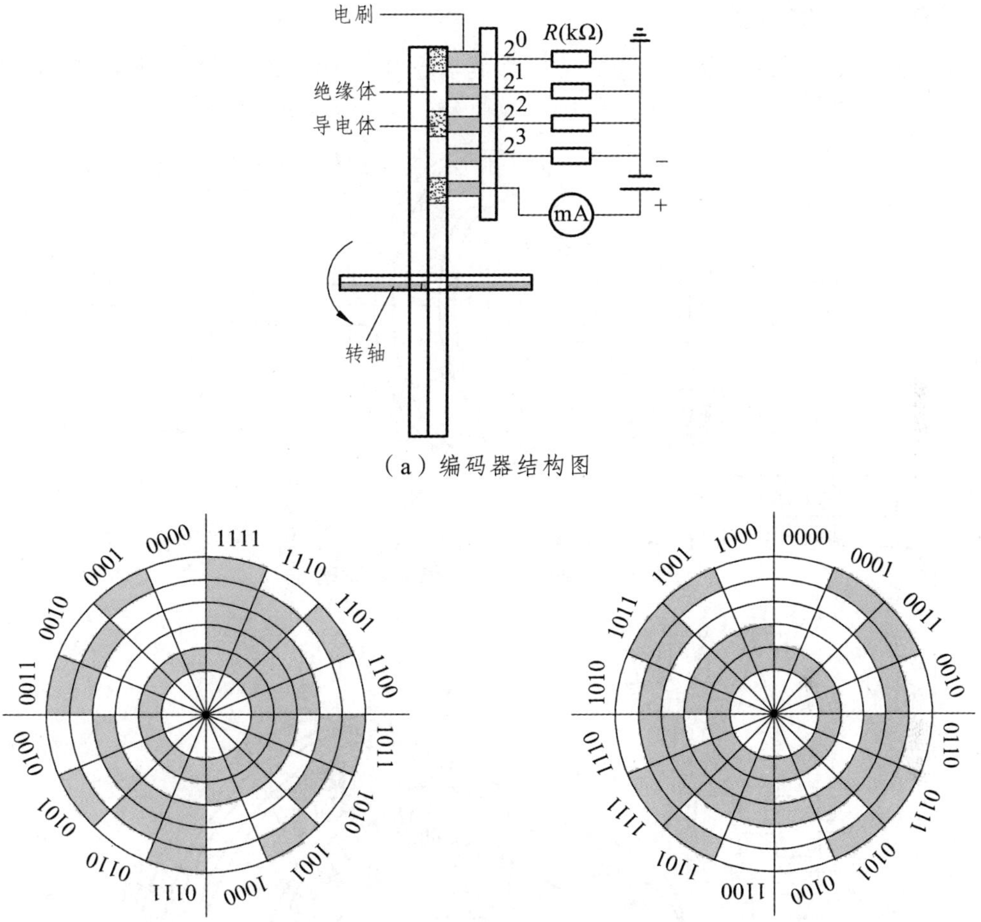


（a）编码器结构图

（b）4 位二进制码盘

（c）4 位格雷码盘

**图 5-6　绝对式编码器结构及编码示意图**

编码器的测量精度取决于它所能分辨的最小角度，绝对式编码器能分辨的最小角度大小取决于编码数（即线数），而编码数与码盘的码道数相关，假设码盘的码道有 $n$ 条，则

编码数：　　　　$N = 2^n$

即分辨角

$$\alpha = 360°/N = 360°/2^n$$

$N$ 为编码器编码数（线数）。

如果某编码器有 10 条码道，则

编码数：

$$N = 2^n = 2^{10} = 1\ 024$$

即，分辨角 $\alpha$ 为

$$360°/1024 = 0.352°$$

2. **增量式旋转编码器**

常用的增量式旋转编码器为增量式光电编码器，其原理如图 5-7 所，其编码器结构如图 5-8 所示。

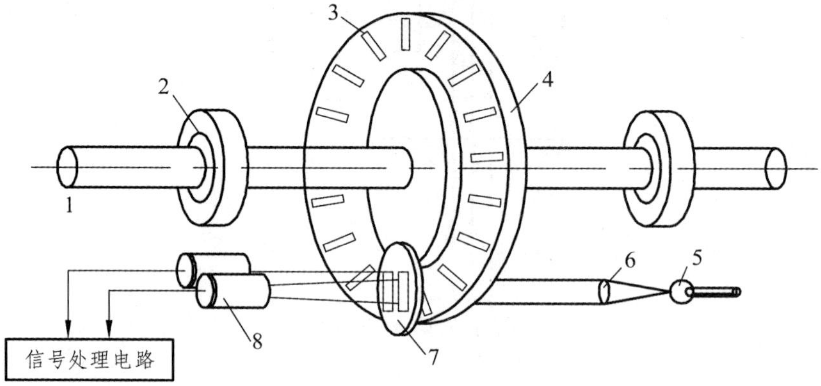


1—连接轴；2—轴承；3—光栅；4—光栅盘；5—光源；6—聚光镜；7—光栅板；8—光敏元件。

**图 5-7　增量式光电编码器原理**

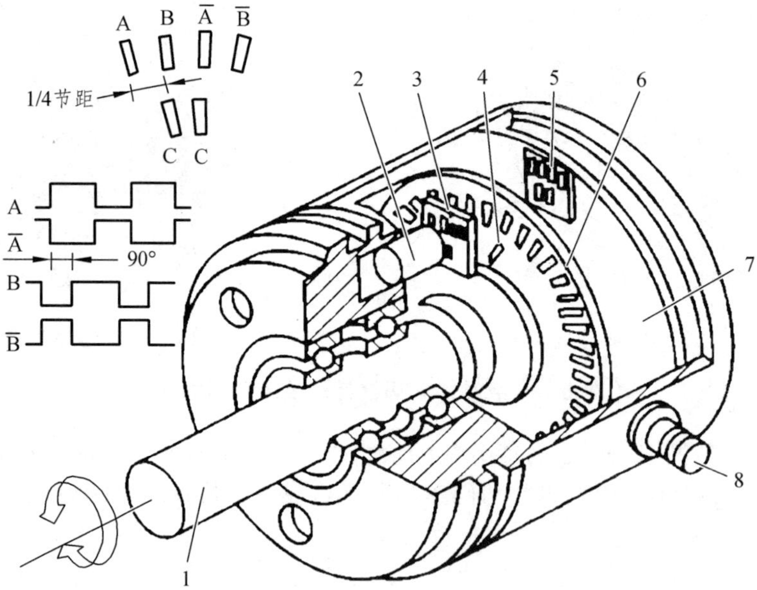


1—转轴；2—光源（LED）；3—光栅板；4—零标志槽；5—光敏元件；
6—光栅盘（码盘）；7—印制电路板；8—电源及信号线接头。

**图 5-8　增量式光电编码器结构图**

增量式光电编码器的光栅盘和光栅板用玻璃研磨抛光制成，玻璃的表面镀上了一层不透明的铬，并用照相腐蚀法，在光栅盘的边缘上开出了间距相等的透光狭缝。在光栅板上制有两条狭缝，每条狭缝的后面对应安装了一个光电管。当光栅盘随被测工作轴一起转动时，每转过一个缝隙，光电管就会感受到一次光线的明暗变化，使光电管的电阻值改变，这样就把光线的明暗变化转变成电信号的强弱变化，而这个电信号的强弱变化近似于正弦波的信号，经过整形和放大等处理，变换成脉冲信号。通过计数器计量脉冲的数目，即可测定旋转运动的角位移；通过计量脉冲的频率，即可测定旋转运动的转速，测量结果可以通过数字显示装置进行显示或直接输入数控系统。

光电编码器的测量精度取决于它所能分辨的最小角度，而这与光栅盘圆周的条纹数（即线数）有关，即分辨角

$$\alpha = 360/N$$

$N$ 为编码器条纹数（线数）。

如果数条纹数为 1 024，则分辨角 $\alpha$ 为

$$360°/1\ 024 = 0.352°$$

增量式光电编码器的结构如图 5-8 所示。实际应用的光电编码器的光栅板上有 A 和 B 两组条纹，A 组与 B 组的条纹彼此错开 1/4 节距，两组条纹相对应的光敏元件所产生的信号彼此相差 90°相位，用于辨向。此外，在光电码盘的里圈里还有一条透光条纹 C（零信号标志线），用以每转一周时产生一个脉冲，该脉冲信号又称零标志脉冲，作为测量基准。光电编码器的输出波形如图 5-9 所示。通过光栏板两条狭缝的光信号 A 和 B，相位角相差 90°，通过光电管转换并经过信号的放大整形后，成为两相方波信号。

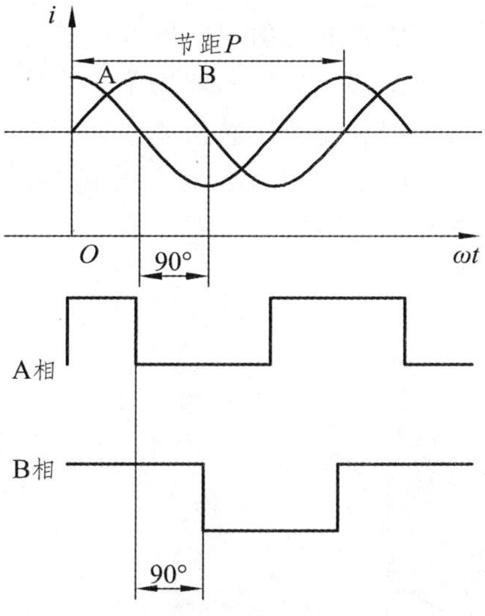


图 5-9　光电编码器的输出波形

为了判断光栅盘转动方向，可采用图 5-10 所示的逻辑控制电路，将光电管 $A$、$B$ 信号（也就是图中的 0°及 90°信号）经放大整形变成 $a$、$b$ 两组方波。$a$ 分成两路，一路直接微分产生脉冲 $d$，另一组经反相后再微分得到脉冲 $e$。$d$、$e$ 两路脉冲进入“与”门电路后分别输出正转脉冲和反转脉冲 $g$（运用数字电子技术知识从时序图可以分析出）。$b$ 组方波作为“与”门的控制信号，使光电盘正转时 $f$ 有脉冲输出，反转时 $g$ 有脉冲输出，这样就可判别光电编码器的旋转方向。

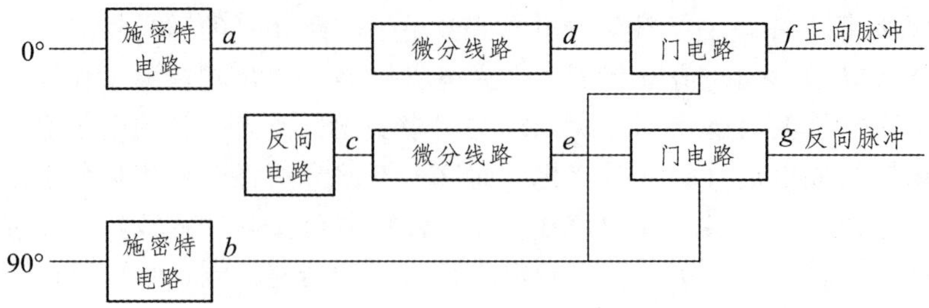


（a）

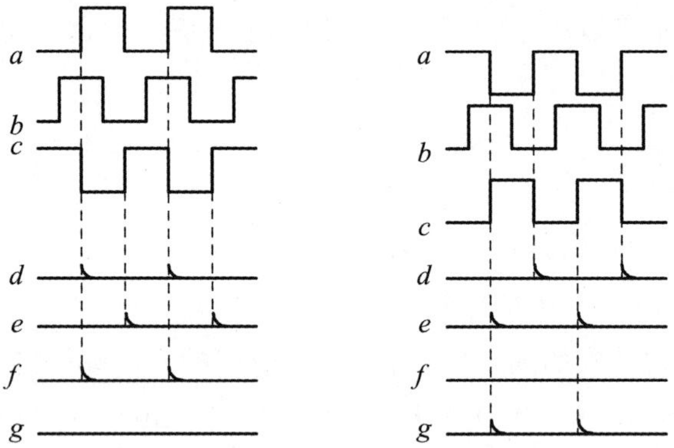


（b）

**图 5-10　光电编码器辨向逻辑电路及信号时序图**

## 5.3.3　光栅尺

数控机床上用的光栅尺，是利用光的透射、衍射及干涉原理，通过光敏器件测量莫尔条纹移动的数量来测量机床工作台的位移量的。一般用于机床数控系统的闭环控制。

透射光栅的结构主要由标尺光栅和光概读数头（包括光源、透镜、指示光栅、光敏元件和信号处理电路）两部分组成，如图 5-11 所示。标尺光栅与工作台装在一起随工作台移动，光栅读数是利用莫尔条纹的形成原理进行的。

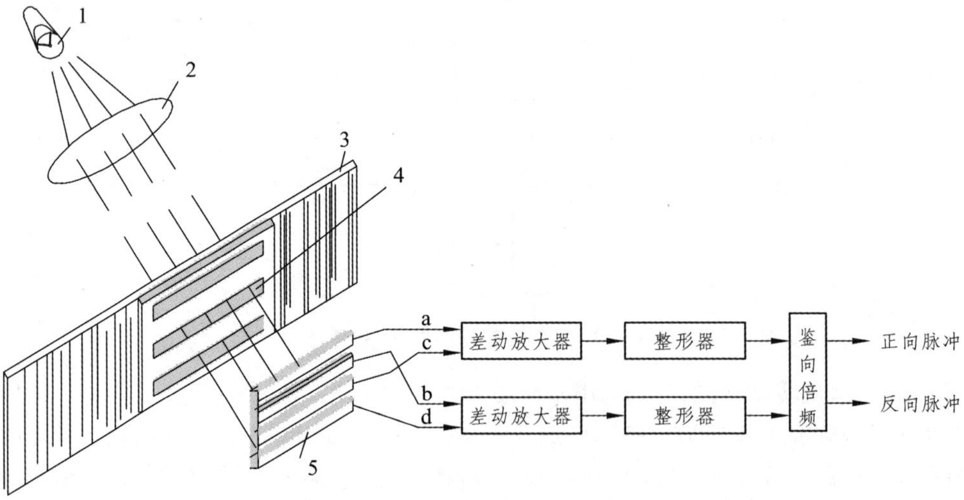


1—光源；2—透镜；3—标尺光栅；4—指示光栅；5—光敏元件。

**图 5-11　光栅尺的结构原理**

光栅尺与其他位置检测装置相比，主要有以下特点：

（1）检测精度高。直线光栅的精度可达 3 μm，分辨率可达 0.1 μm。

（2）响应速度较快，可实现动态测量，易于实现检测及数据处理的自动化。

图 5-12 所示为莫尔条纹形成的原理图。将指示光栅和标尺光栅叠合在一起，中间保持 0.01 ~ 0.1 mm 的间隙，并且指示光栅和标尺光栅的线纹相互交叉保持一个很小的夹角 $\theta$，两条暗带或两条亮带之间的距离称为莫尔条纹的间距 $B$，设光栅的栅距为 $W$，两光栅线纹夹角为 $\theta$，则根据直角三角形原理，有

$$B = \frac{W/2}{\sin(\theta/2)}$$

因为夹角 $\theta$ 很小（$\theta$ 以弧度来衡量）所以可取 $\sin(\theta/2) \approx \theta/2$，故上式可改写成

$$B = W/\theta$$

由此可见，$\theta$ 越小，则 $B$ 越大，相当于把栅距 $W$ 扩大了 $1/\theta$ 倍，这就是莫尔条纹的放大作用。光栅尺正是借助于莫尔条纹的放大作用来提高测量的精度。

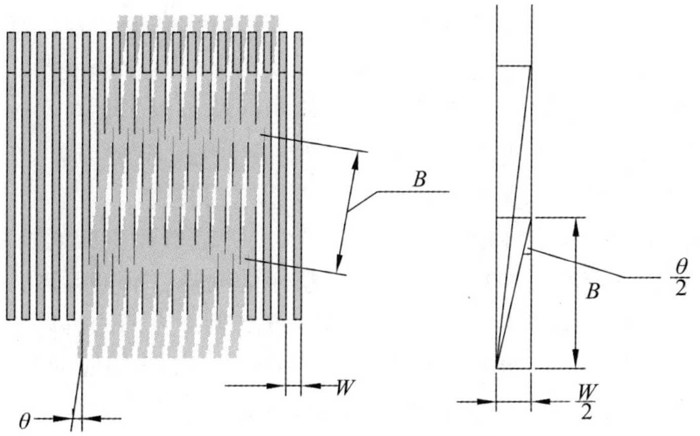


图 5-12　莫尔条纹形成的原理图

两块光栅每相对移动一个栅距时，莫尔条纹也相应移动一莫尔条纹的间距 $B$，即光栅某一固定点的光强按“明—暗—明”规律交替变化一次。因此，光电元件只要读出移动的莫尔条纹数目，就知道光栅移动了多少栅距，从而也就知道了运动部件的准确位移量。

## 习题与思考

1. 某绝对式编码器有 8 条码道。（1）求该编码器能分辨的最小角度；（2）若某次测量的读数是二进制编码 10110101，对应的角度是多少？

2. 若用绝对式编码器进行测量 0.01°的角度。问：至少要用多少条码道的编码器？

3. 某直线光栅尺，标尺光栅与指示光栅刻线之间的夹角为 0.057°，光栅栅距 $W$ 为 0.02 mm。

（1）说明莫尔条纹的放大作用；放大了多少倍？

（2）求莫尔条纹的宽度 $B$。

# 第6章 数控机床的PMC系统装配与调试

## 6.1 可编程控制器概述

### 6.1.1 概 述

可编程控制器（Programmable Logic Controller，PLC）是计算机技术与自动控制技术有机结合的一种通用工业控制器。在PLC出现之前，机床的顺序控制是以机床当前运行状态为依据，使机床按照预先规定好的动作依次工作。这种控制方式的实现，是由传统的继电器逻辑电路RLC（Relay Logic Circuit，RLC）完成的。这种电路是将继电器、接触器、按钮、开关等机电式控制器件用导线、端子等连接起来的控制回路，由于它存在体积大、耗电多、寿命短、可靠性差、动作迟缓、柔性差、不易扩展等许多缺点，正逐渐被PLC组成的顺序控制系统所代替。现在，PLC已成为数控机床不可缺少的控制装置。

计算机数控装置（CNC）和PLC协同配合，共同完成数控机床的控制。其中，CNC主要完成与数字运算和管理等有关的功能，如零件程序的编辑、插补运算、译码、位置伺服控制等。PLC主要完成与逻辑运算有关的一些动作，没有轨迹方面的具体要求，同时辅助控制装置完成机床相应的开关动作，如工件的装夹、刀具的更换、冷却液的开关等一些辅助动作；它还接收机床操作面板的指令，一方面直接控制机床的动作，另一方面将一部分指令送往CNC，用于加工过程的控制。

### 6.1.2 可编程控制器特点

PLC是一种专门用于工业顺序控制的微机系统。为了适应顺序控制的要求，PLC省去了微机的一些数字运算功能，强化了逻辑运算控制功能，是一种介于继电器控制和微机控制之间的自动控制装置。

PLC是专为在恶劣的工业环境下使用而设计的，所以具有很强的抗干扰能力。除输入/输出部分采用光电隔离的措施外，对电源、运算器、控制器、存储器等也设置了多种保护和屏蔽。PLC没有继电器那种机械触点，因此，不存在触点的接触不良、熔焊、磨损和线圈损坏等故障。相对于RLC，PLC采用软件实现用户控制逻辑，结构紧凑体积小，很容易装入机床内部或电气柜内，便于实现动作复杂的控制逻辑和数控机床的机电一体化。

目前大多数的PLC均采用梯形图编程方式。梯形图与继电器逻辑控制电路十分相似，图形符号形象直观，工作原理易于理解和掌握，编程简单，操作方便，程序改变灵活。

PLC 可与编程器、个人计算机等连接，可以很方便地实现程序的显示、编写和传送等操作。

### 6.1.3　可编程控制器的分类

PLC 的产品很多，型号规格也不统一，可以从结构、原理、规模等方面分类。从 PLC 与 CNC 的结构关系的角度，PLC 可分为以下两种类型：

一类是 CNC 的生产厂家专为数控机床顺序控制而将数控装置 CNC 和 PLC 合起来而设计制造的“内装”（Build-in Type）PLC。

另一类是专业的 PLC 生产厂家的产品，它们的输入/输出信号接口技术规范，输入/输出点数、程序存储容量以及运算和控制功能均能满足数控机床的控制要求，称为“独立型”（Stand-alone Type）PLC。

1. **内装型** PLC

内装型 PLC 从属于 CNC 装置，PLC 与 CNC 装置之间的信号传送在 CNC 装置内部即可实现。PLC 与数控机床之间则通过 CNC 输入/输出接口电路实现信号传送。

内装型 PLC 实际是 CNC 装置带有的 PLC 功能，一般作为 CNC 装置的基本功能提供给用户，其性能指标是根据从属的 CNC 系统的规格、性能、适用机床的类型等确定的。它的硬件和软件部分是作为 CNC 系统的基本功能或附加功能与 CNC 系统的其他功能统一设计、制造的。因此，系统的硬件和软件整体结构十分紧凑，且 PLC 所具有的功能针对性强，技术指标合理、实用，尤其适用于单机数控设备的应用场合。

在系统的具体结构上：内装型 PLC 可与 CNC 共用 CPU，也可以单独使用一个 CPU，硬件控制电路可与 CNC 装置其他电路制作在同一块印制电路板上，也可以单独制成一块附加电路板，当 CNC 装置需要附加 PLC 功能时，再将此附加电路板安装到 CNC 装置上；内装型 PLC 一般不单独配置输入/输出接口电路，而是使用 CNC 系统本身的输入/输出电路；PLC 所用电源由 CNC 装置提供，不需另备电源。

采用内装型 PLC 结构，CNC 系统可以具有某些高级控制功能。如梯形图编辑和传送功能，在 CNC 内部直接处理大量信息等，如图 6-1 所示为内装型 PLC 的硬件结构。

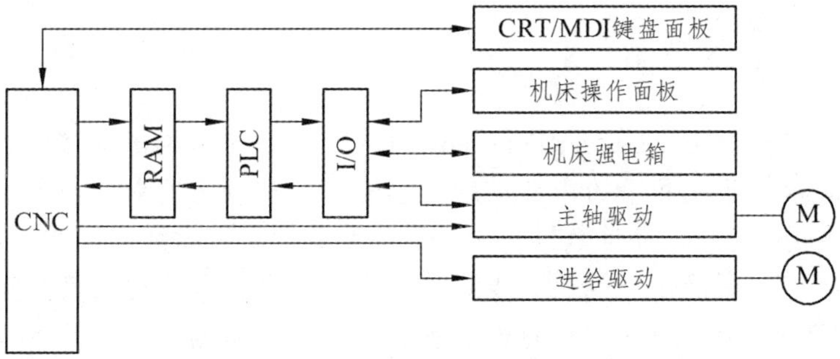


图 6-1　是内装型 PLC 结构框图

2. **独立型** PLC

独立型 PLC 又称外装型或通用型 PLC。对数控机床而言，独立型 PLC 独立于 CNC 装置，具有完备的硬件结构和软件功能，能够独立完成规定的控制任务。独立型 PLC 具有如下基本的功能结构：①CPU 及其控制电路；②系统程序存储器；③用户程序存储器；④输入/输出接口电路；⑤与编程机等外部设备通信的接口和电源。

独立型 PLC 一般采用积木式模块结构或插板式结构，如图 6-2 所示为独立型 PLC。各功能电路多做成独立的模块或印制电路插板，具有安装方便、功能易于扩展和变更的优点。

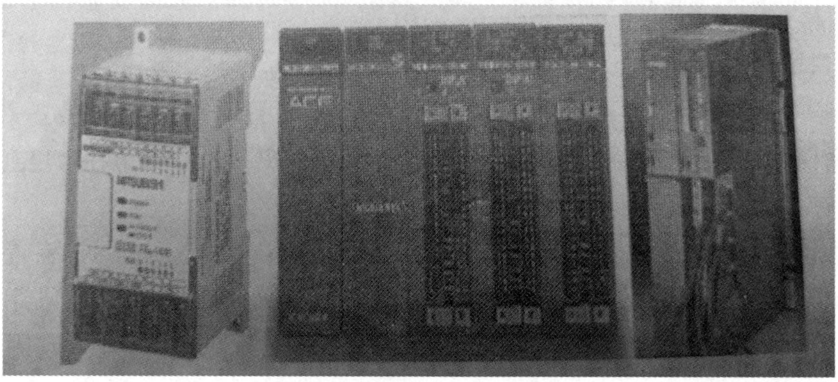

图 6-2　独立型 PLC 外形图

例如：可采用通信模块与外部输入/输出设备、编程设备、上位机、下位机等进行数据交换；采用 D/A 模块可以对外部伺服装置直接进行控制；采用计数模块可以对加工数量、刀具使用次数、旋转工作台的分度等进行检测和控制；采用定位模块可以直接对诸如刀库、转台、旋转轴等机械运动部件或装置进行控制等。

一般来说，独立型 PLC 的性价比低于内装型 PLC 的性价比。目前，提供独立型 PLC 的厂商主要有德国西门子、美国罗克韦尔、日本三菱等公司。

## 6.1.4　可编程控制器的编程语言

PLC 是专为工业自动控制而开发的装置，通常 PLC 采用面向控制过程、面向问题的“自然语言”编程。不同厂家的产品采用的编程语言不同，这些编程语言有梯形图、语句表、控制系统流程图等。为了增强 PLC 的各种运算功能，有的 PLC 还配有 BASIC 语言，并正在探索用其他高级语言来编程。

### 1. 梯形逻辑图

梯形逻辑图简称梯形图（Ladder Diagram，LAD），它是从继电器接触器控制

系统的电气原理图演化而来的，是一种图形语言，它沿用了常开触点、常闭触点、继电器线圈、接触器线圈、定时器和计数器等术语和图形符号，也增加了一些简单的计算机符号，来完成时间上的顺序控制操作。触点和线圈等的图形符号就是编程语言的指令符号。

这种编程语言与电路图相呼应，简单、形象、直观、易编程、容易掌握，是目前应用最广泛的编程语言之一。

### 2. 指令语句表

指令语句表简称语句表（Statement List，STL），类似于计算机的汇编语言，它是用语句助记符来编程的。不同的机型有不同的语句助记符，但都要比汇编语言简单得多，很容易掌

握，也是目前用得最多的编程方法。

指令语句主要使用逻辑语言建立 PLC 输入和输出的关系，其中包括逻辑 AND、OR、NOT 及定时器、计数器、移位寄存器、算术运算和 PID 控制功能等。中小型 PLC 一般用语句表编程。

每条指令语句包括命令部分和数据部分。其命令部分要指定逻辑功能；其数据部分要指定功能存储器的地址号或直接数值。

语句表编程简单明了，语句少，其结构类似于电路的串并联方式，容易掌握。

#### 3. 计算机的通用语言

计算机通用语言可以实现梯形图法和指令语句表法难以实现的复杂逻辑控制功能，但它没有梯形图法形象，比用指令语句表法编程复杂，因此较难掌握。常用的通用语言有 C、BASIC、PASCAL、FORTRAN 语言等，其中采用 C 语言较多。另外，还有控制系统流程图（CSF）、逻辑方程式（布尔代数式）等方法，但使用少，且工程技术人员对计算机通用语言又比较难掌，因此，大部分编程方法都采用梯形图法和指令语句表法。

目前常用的 PLC 产品很多，不同厂家的 PLC 各种指标和性能不同，其编程方式、具体的指令格式以及继电器编号也不同，具体操作时可查阅有关产品说明书。

华中数控 PLC 采用 C 语言编程，具有灵活、高效、使用方便等特点。

### 6.1.5　数控机床的控制对象

数控机床作为自动化控制设备，是在自动控制下进行工作的，数控机床所受控可分为两类，即数字控制和顺序控制。

对刀具轨迹采用数字控制。

对辅助机械动作（强电控制）、主轴启停、主轴转速、刀具选择、辅助功能等采用顺序控制。

#### 1. PLC 顺序控制任务

PLC 顺序控制任务如下：

（1）主轴启停，正反转，速度控制。

（2）冷却、润滑系统接通与断开。

（3）刀库的启停与刀具的选择和更换。

（4）卡盘的松开与夹紧。

（5）自动门的打开与闭合。

（6）尾座和套筒的启停、前进、后退控制。

（7）排屑等辅助装置的控制。

在讨论 PLC、数控系统和机床各机械部件、机床辅助装置、强电线路之间的关系时，常把数控机床分为“NC 侧”和“MT 侧”（即机床侧）两大部分。“NC 侧”包括 CNC 系统的硬件和软件，与 CNC 系统连接的外部设备。“MT 侧”则包括机床机械部分及其液压、气压、冷却、润滑、排屑等辅助装置，机床操作面板，继电器线路，机床强电线路，等。PLC 处于 NC 与 MT 之间，对 NC 和 MT 的输入、输出信号进行处理。

#### 2. PLC 与外部的接口信息

对 CNC 装置来说，由 MT 向 NC 传送的信号称为输入信号，由 NC 向 MT 传送信号称为输出信号。数控系统及配套 PLC 装置的输入、输出信号的类型如下。

硬件电气接口信息：

硬件电气接口，即 PLC 与数控装置、机床及机床电气设备之间的电气连接部分。电气接口从信号的流向看包括输入接口和输出接口，从信号的幅值特性看包括模拟量接口和开关量接口。

对 PLC 而言，由机床或 NC 等外部设备向 PLC 传送的信号称为输入信号，由 PLC 向机床或 NC 等外部设备传送的信号称为输出信号。若信号的幅值是连续变化的称为模拟量信号，若只有导通和断开两种状态则称为开关量信号。开关量接口一般采用直流 24 V 供电，低电平有效，即 NPN 型开关量接口，也有些采用或同时具备高电平有效的接口，即 PNP 型开关量接口。

PLC 常用的电气接口一般有开关量输入接口、开关量输出接口和模拟量输出接口等三种。

（1）开关量输入接口。

典型的输入接口电路如图 6-3 所示。

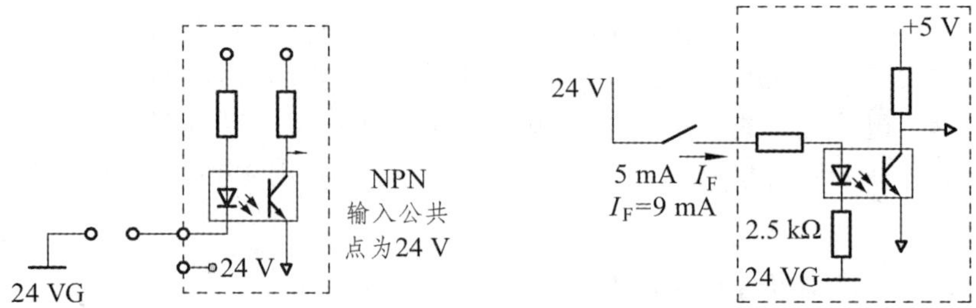


图 6-3　PLC 输入接口图

外部触点闭合时，+24 V 电压加到接收器电路上，经滤波和电平转换处理后，输出至 NC 内部，成为内部电子电路可以接收和处理的信号。

图中接收电路采用光电耦合转换电路（虚线框内），开关量输入信号是机床侧的开关、按钮、继电器触点、检测传感器等采集的闭合/断开状态信号。这些状态信号需经上述接口电路处理，才能变成 PLC 或 NC 能够接收的信号。当采用有源开关器件（如无触点开关、霍尔开关等）时，必须采用 DC 24 V 规格，检测元件的 NPN/PNP 型号必须与 PLC 接口的型号一致。开关量输入接口的导通电流一般为 5 ~ 9 mA。

（2）开关量输出接口。

PLC 输出电路一般为晶体管输出，如图 6-4（a）所示为输出接口图，最大输出电流一般为 100 mA 左右，可以驱动发光二极管、继电器线圈等。另外还可以经过继电器、晶闸管等放大后再输出到外部接口，继电器和晶闸管输出的负载能力较大，可以达到 2 A 以上，能够驱动电磁阀和交流接触器线圈等。晶体管输出为直流输出，双向晶闸管输出为交流输出，继电器输出则可以是交、直流负载。对于交流感性负载（如交流接触器线圈），必须在负载两端加阻容吸收电路，可以选用成品也可自行用 100 ~ 200 Ω/W 的电阻和 0.1 μF，630 V 的电容组装。

对于直流感性负载（如继电器线圈），需加续流二极管，如图 6-4 所示。有些继电器自带续流二极管，在公共输出端必须串接短路保护器件（熔断器或空气开关）。

当负载的工作电压或工作电流超过输出信号的工作范围时，应先用 PLC 输出接口驱动小型继电器（一般工作电压为 DC 24 V），然后再用它们的触点去驱动强电电路的继电器、接触器或直接驱动这些负载。

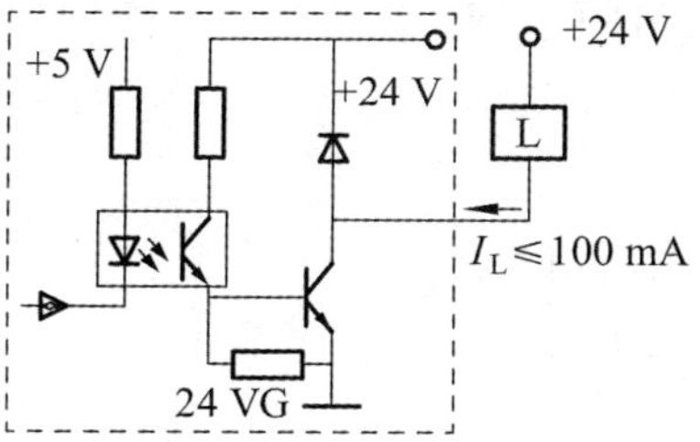

（a）输出接口图一

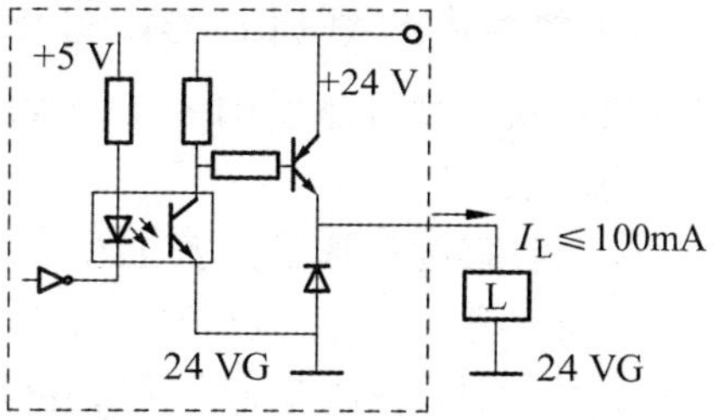

（b）输出接口图二

图 6-4　PLC 输出接口图

（3）模拟量输出接口。

模拟量输出接口有电压和电流输出两种。

模拟指令输出范围典型值：① –20～+20 mA（电流型）；② –10～+10 V（电压型），负载电流为 10 mA；③ 0～+10 V（电压型），负载电流为 10 mA。

（4）软件寄存器接口信息。

PLC 为了运算和实现某些特殊功能，以及满足内装型 PLC 与 NC 间数据交换的需要设置了寄存器变量或功能函数。

如图 6-5 所示为输入/输出寄存器接口图。

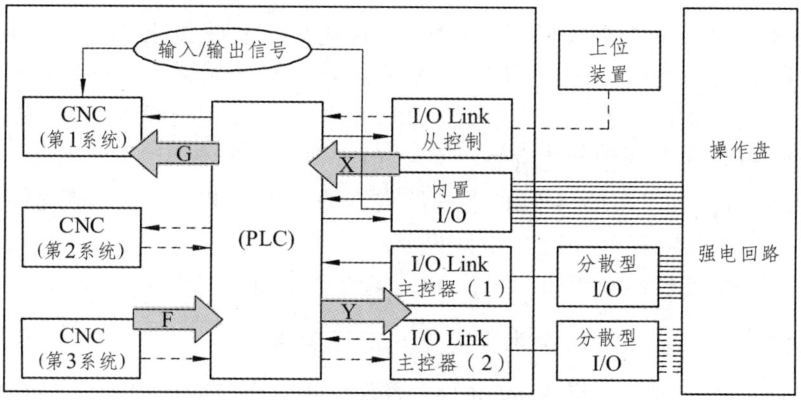

图 6-5　输入/输出寄存器接口图

根据不同机型的 PLC，常用的寄存器有以下几种：① 输入寄存器（X/I）——保存各输入接口的状态；② NC 控制寄存器（G）；③ 输出寄存器（Y/O）——保存各输出接口的状态；④ 辅助寄存器（R/M）；⑤ 计数器（C）；⑥ 定时器（T）；⑦ 断电保持寄存器（B/M）；⑧ 用户指令寄存器（P）；⑨ NC 状态寄存器（F）。

## 6.2　华中数控系统 PLC 的原理及应用

### 6.2.1　华中数控内装型 PLC 的内部结构及运行原理

华中数控内装型 PLC 已集成在数控装置内，华中数控 PLC 采用 C 语言集程，具有灵活、高效、使用方便等特点。

### 1. 华中数控内装型 PLC 的结构及相关寄存器的访问

华中数控铣削数控系统的 PLC 为内装型 PLC，如图 6-6 所示为华中数控系统内装型 PLC 的逻辑结构。其中：

（1）X 寄存器为机床输入到 PLC 的开关信号，最大可有 128 组（字节）；

（2）Y 寄存器为 PLC 输出到机床的开关信号，最大可有 128 组（字节）；

（3）R 寄存器为 PC 内部中间寄存器，共有 768 组（字节）；

（4）G 寄存器为 PLC 输出到计算机数控系统的开关信号，最大可有 256 组（字）；

（5）F 寄存器为计算机数控系统输出到 PLC 的开关信号，最大可有 256 组（字）；

（6）P 寄存器为 PLC 外部参数，可由机床用户设置（运行参数子菜单中的 BMC 用户参数命令），共有 100 组（字节）；

（7）B 寄存器为断电保护信息，共有 100 组（字节）。

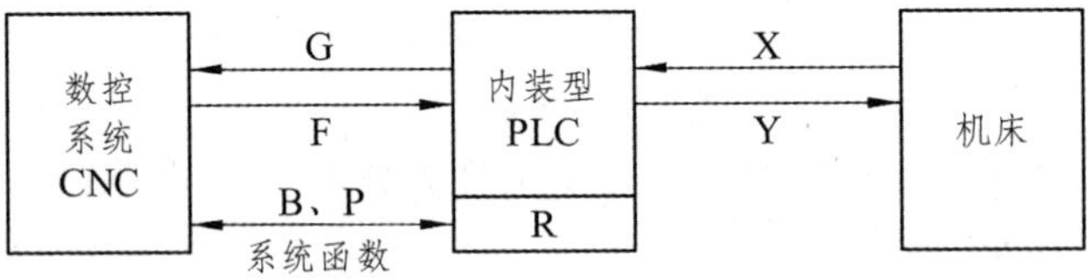


图 6-6　华中数控系统内装型 PLC 的逻辑结构

X、Y 寄存器会随不同的数控机床而有所不同，主要与实际机床的输入/输出开关信号（如限位开关、控制面板开关等）有关。但 X、Y 寄存器一旦定义好，软件就不能更改其寄存器各位（bit）的定义，如果要更改，必须更改相应的硬件接口或接线端子。

R 寄存器是 PLC 内部的中间寄存器，可由 PLC 软件任意使用。

G、F 寄存器是由数控系统与 PLC 事先约定好的，用于 PLC 与 CNC 之间通信，PLC 硬件和软件都不能更改其寄存器各位（bit）的定义。

P 寄存器用于给 PLC 参数赋值，可由 PLC 程序与机床用户任意定义。

### 2. 华中数控内装型 PLC 的软件结构及其运行原理

与一般 C 语言程序都必须提供 main（ ）函数一样，用户编写内装型 PLC 的 C 语言程序时必须提供如下系统函数定义及系统变量值：

```
extern void init（void）;              //初始化 PLC
extern unsigned plc1_time;            //函数 plc1（ ）的运行周期，单位：ms
extern void plcl（void）;              //PLC 程序入口 1
extern unsigned plc2_time;            //函数 plc2（ ）的运行周期，单位：ms
extern void plc2（void）;              //PLC 程序入口 2
```

函数 init（ ）是用户 PLC 程序的初始化函数，系统将只在初始化时调用该函数一次。该函数一般设置系统 MSBT 功能的响应函数及系统复位的初始化工作。

变量 plcl_time 及 plc2_time 的值分别表示 plcl（ ）、plc2（ ）函数被系统周期调用的周期时间，单位为 ms。系统推荐值分别为 16 ms 及 32 ms，即 plcl_time = 16，plc2_time = 32，函数 plc1( )及 plc2( )分别表示数控系统调用 PLC 程序的入口，其调用周期分别由变量 plcl_time 及 plc2_time 指定。

系统初始化 PLC 时，将调用 PLC 提供的 init（ ）函数（该函数只被调用一次）。在系统初始化完成后，数控系统将周期性地运行如下过程：① 从硬件端口及数控系统成批读入所有 X、F、P 寄存器的内容；② 如果 plcl_time 所指定的周期时间已到，调用函数 plc1（ ）；③ 如果 plc2_time 所指定的周期时间已到，调用函数 plc2（ ）；④ 系统成批输出 G、Y、B 寄存器的内容。

因此，用户提供的 plcl（ ）函数及 plc2（ ）函数必须根据 X 及 F 寄存器的内容正确计算出 G 及 Y 寄存器的值。

### 6.2.2　华中数控 PLC 的接口定义示例

华中数控 PLC（或称 PMC）采用内装式结构，与数控系统（CNC）连成一体，其开关量输入/输出均采用标准化 D 型接头连接。下面以某型号的数控铣床（或车床）为例简要说明其 PMC 接头引脚的定义。

PMC 的连接与控制（输入）如图 6-7 所示。

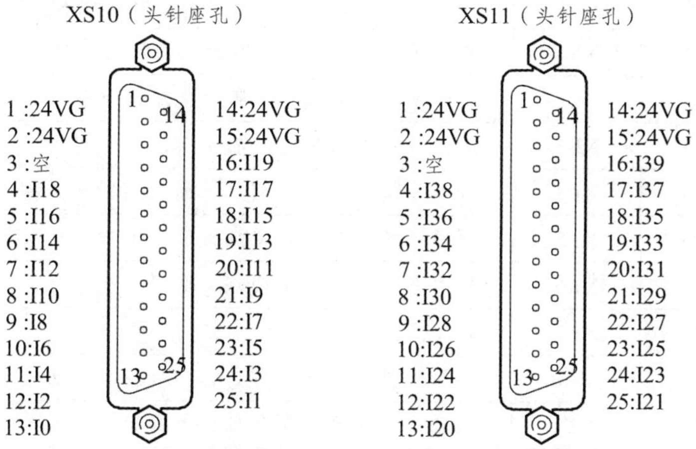


图 6-7　PMC 的连接与控制（输入）

PMC 的连接与控制（输出）如图 6-8 所示。

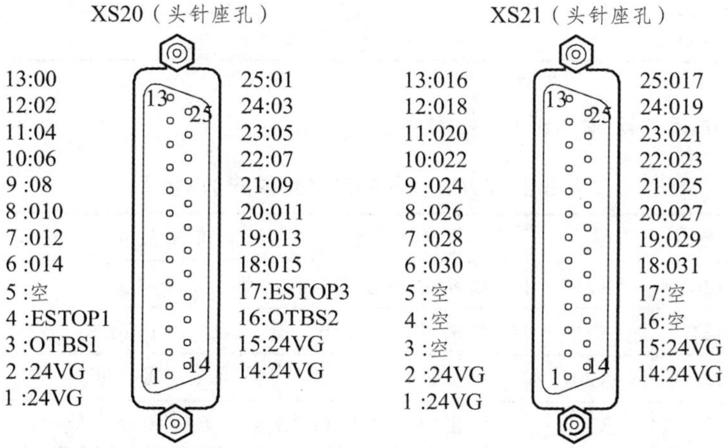


图 6-8　PMC 的连接与控制（输出）

PMC 输入的定义（铣床 XS10）如表 6-1 所示。

**表 6-1　PMC 输入的定义（铣床 XS10）**

| 引脚号 | 信号名 | 标号 | 信号定义 |
|---|---|---|---|
| 13 | I0 | X0.0 | *X* 轴正向超程限位开关，常开点，闭合有效 |
| 25 | I1 | X0.1 | *X* 轴负向超程限位开关，常开点，闭合有效 |
| 12 | I2 | X0.2 | *Y* 轴正向超程限位开关，常开点，闭合有效 |
| 24 | I3 | X0.3 | *Y* 轴负向超程限位开关，常开点，闭合有效 |
| 11 | I4 | X0.4 | *Z* 轴正向超程限位开关，常开点，闭合有效 |
| 23 | IS | X0.5 | *Z* 轴负向超程限位开关，常开点，闭合有效 |
| 10 | I6 | X0.6 | *A* 轴正向超程限位开关，常开点，闭合有效 |
| 22 | I7 | X0.7 | *A* 轴负向超程限位开关，常开点，闭合有效 |
| 9 | I8 | X1.0 | *X* 轴回参考点开关，常开点，闭合有效 |
| 21 | I9 | X1.1 | *Y* 轴回参考点开关，常开点，闭合有效 |
| 8 | I10 | X1.2 | *Z* 轴回参考点开关，常开点，闭合有效 |
| 20 | I11 | X1.3 | *A* 轴回参考点开关，常开点，闭合有效 |
| 7 | I12 | X1.4 | 冷却系统报警，常闭点，断开有效（未用） |
| 19 | I13 | X1.5 | 润滑系统报警，常闭点，断开有效 |
| 6 | I14 | X1.6 | 压力系统报警，常闭点，断开有效 |
| 18 | I15 | X1.7 | 未定义 |
| 5 | I16 | X2.0 | 主轴一挡（低速）到位，常闭点，断开有效 |
| 17 | I17 | X2.1 | 主轴二挡（高速）到位，常开点，闭合有效 |
| 4 | I18 | X2.2 | 未定义 |
| 16 | I19 | X2.3 | 未定义 |
| 3 | 空 | | |
| 1，2，14，15 | 24 VG | | 外部直流 24 V 电源地 |

PMC 输入的定义（铣床 XS11）如表 6-2 所示。

**表 6-2　PMC 输入的定义（铣床 XS11）**

| 引脚号 | 信号名 | 标号 | 信号定义 |
|---|---|---|---|
| 13 | I20 | X2.4 | 外部运行允许，常开点，闭合有效 |
| 25 | I21 | X2.5 | 伺服电源准备好，常开点，闭合有效 |
| 12 | I22 | X2.6 | 伺服驱动模块 OK，常开点，闭合有效 |
| 24 | I23 | X2.7 | 电柜空气开关 OK，常开点，闭合有效 |
| 11 | I24 | X3.0 | 主轴报警，常闭点，断开有效 |

续表

| 引脚号 | 信号名 | 标号 | 信号定义 |
|---|---|---|---|
| 23 | I25 | X3.1 | 主轴速度到达，常开点，闭合有效 |
| 10 | I26 | X3.2 | 主轴零速，常开点，闭合有效 |
| 22 | I27 | X3.3 | 主轴定向完成，常开点，闭合有效（未用） |
| 9 | I28 | X3.4 | 未定义 |
| 21 | I29 | X3.5 | 未定义 |
| 8 | I30 | X3.6 | 未定义 |
| 20 | I31 | X3.7 | 未定义 |
| 4～7、16～19 | I32～I39 | X4.0<br>X4.7 | 与 XS8 并联，用于手持单元的坐标选择输入、增佳倍率输入、使能按钮输入 |
| 3 | 空 | | |
| 1，2，14，15 | 24 VG | | 外部直流 24 V 电源地 |

PMC 输出的定义（铣床 XS20）如表 6-3 所示。

表 6-3　PMC 输出的定义（铣床 XS20）

| 引脚号 | 信号名 | 标号 | 信号定义 |
|---|---|---|---|
| 13 | O00 | Y0.0 | 运行允许，低电平有效 |
| 25 | O01 | Y0.1 | 系统复位，低电平有效 |
| 12 | O02 | Y0.2 | 伺服允许，低电平有效 |
| 24 | O03 | Y0.3 | SV_CWL（伺服减电流），低电平有效 |
| 11 | O04 | Y0.4 | 升降轴抱闸，低电平有效 |
| 23 | O05 | Y0.5 | 冷却开，低电平有效 |
| 10 | O06 | Y0.6 | 刀具松，低电平有效 |
| 22 | O07 | Y0.7 | 未定义 |
| 9 | O08 | Y1.0 | 主轴正转（主轴使能），低电平有效 |
| 21 | O09 | Y1.1 | 主轴反转（主轴使能），低电平有效 |
| 8 | O10 | Y1.2 | 主轴制动，低电平有效（未用） |
| 20 | O11 | Y1.3 | 主轴定向，低电平有效（未用） |
| 7 | O12 | Y1.4 | 主轴一挡（低速），低电平有效 |
| 19 | O13 | Y1.5 | 主轴二挡（高速），低电平有效（未用） |
| 6 | O14 | Y1.6 | 未定义（主轴三挡备低电平有效） |
| 18 | O15 | Y1.7 | 未定义（主轴四挡备用，低电平有效。） |
| 5 | 空 | | |
| 17 | ESTOP3 | | 急停回路驱动 KA 继电器控制动力电源的输出端子（参见图 6-9） |
| 4 | ESTOPl | | 急停回路与超程同路的串联的接人瑞子（参见图 6-9） |
| 16 | OTBS2 | | 超程限位开关的接入端子（参见图 6-9） |
| 3 | OTPSl | | 超程限位开关的接入端子（参见图 6-9） |
| 1，2，14，15 | 24 VG | | 外部直流 24 V 电源地 |

PMC 输入的定义（车床 XS10）如表 6-4 所示。

表 6-4　PMC 输入的定义（车床 XS10）

| 引脚号 | 信号名 | 标号 | 信号定义 |
|---|---|---|---|
| 13 | I0 | X0.0 | *X* 轴正超程限位开关，常开点，闭合有效 |
| 25 | u | X0.1 | *X* 轴负超程限位开关，常开点，闭合有效 |
| 12 | I2 | X0.2 | *Z* 轴正超程限位开关，常开点，闭合有效 |
| 24 | I3 | X0.3 | *Z* 轴负超程限位开关，常开点，闭合有效 |
| 11 | I4 | X0.4 | *C* 轴正超程限位开关，常开点，闭合有效（未用） |
| 23 | I5 | X0.5 | *C* 轴负超程限位开关，常开点，闭合有效（未用） |
| 10 | I6 | X0.6 | 卡盘夹紧到位，常开点，闭合有效（未用） |
| 22 | I7 | X0.7 | 卡盘松开到位，常开点，闭合有效（未用） |
| 9 | I8 | X1.0 | *X* 轴回参考点开关，常开点，闭合有效 |
| 21 | I9 | X1.1 | *Z* 轴回参考点开关，常开点，闭合有效 |
| 8 | H0 | X1.2 | *C* 轴同参考点开关，常开点，闭合有效（未用） |
| 20 | H1 | X1.3 | 未定义 |
| 7 | H2 | X1.4 | 冷却系统报警，常闭点，断开有效 |
| 19 | H3 | X1.5 | 润滑系统报警，常闭点，断开有效（未用） |
| 6 | H4 | X1.6 | 压力系统报警，常闭点，断开有效（未用） |
| 18 | U5 | X1.7 | 未定义 |
| 5 | H6 | X2.0 | 主轴一挡到位，常开点，团合有效（未用） |
| 17 | H7 | X2.1 | 主轴二挡到位，常开点，闭合有效（未用） |
| 4 | HS | X2.2 | 未定义 |
| 16 | U9 | X2.3 | 未定义 |
| 3 | 空 | | |
| 1，2，14，15 | 24 VG | | 外部直流 24 V 电源地 |

PMC 输入的定义（车床 XS11）如表 6-5 所示。

表 6-5　PMC 输入的定义（车床 XS11）

| 引脚号 | 信号名 | 标号 | 信号定义 |
|---|---|---|---|
| 13 | I20 | X2.4 | 外部运行允许，常开点，闭合有效 |
| 25 | I21 | X2.5 | 伺服电源模块 OK，常开点，闭合有效 |
| 12 | I22 | X2.6 | 伺服驱动器 OK，常开点，闭合有效 |
| 24 | I23 | X2.7 | 电柜空气开关 OK，常开点，闭合有效 |
| 11 | I24 | X3.0 | 主轴报警，常闭点，断开有效 |
| 23 | I25 | X3.1 | 主轴速度到达，常开点，闭合有效（未用） |
| 10 | I26 | X3.2 | 1 号刀到位，常开点，闭合有效 |

续表

| 引脚号 | 信号名 | 标号 | 信号定义 |
| --- | --- | --- | --- |
| 22 | I27 | X3.3 | 2 号刀到位，常开点，闭合有效 |
| 9 | I28 | X3.4 | 3 号刀到位，常开点，闭合有效 |
| 21 | I29 | X3.5 | 4 号刀到位，常开点，闭合有效 |
| 8 | I30 | X3.6 | 5 号刀到位，常开点，闭合有效（未用） |
| 20 | I31 | X3.7 | b 号刀到位，常开点，闭合有效（未用） |
| 4～7、16～19 | I3～139 | X4.0～X4.7 | 与 XS8 并联，用于手持单元的坐标选择输入、增量倍率输入、使能按钮输入 |
| 3 | 空 | | 见 XS8 |
| 1，2，14，15 | 24 VG | | 外部直流 24 V 电源地 |

PMC 输出的定义（车床 XS20）如表 6-6 所示。

表 6-6　PMC 输出的定义（车床 XS20）

| 引脚号 | 信号名 | 标号 | 信号定义 |
| --- | --- | --- | --- |
| 13 | O00 | Y0.0 | 运行允许，低电平有效 |
| 25 | O01 | Y0.1 | 系统复位，低电平有效 |
| 12 | O02 | Y0.2 | 伺服允许，低电平有效 |
| 24 | O03 | Y0.3 | SV-CWL 伺服减电流，低电平有效（未用） |
| 11 | O04 | Y0.4 | 升降轴抱闸，低电平有效（未用） |
| 23 | O05 | Y0.5 | 冷却开，低电平有效 |
| 10 | O06 | Y0.6 | 刀库正转，低电平有效 |
| 22 | O07 | Y0.7 | 刀库反转，低电平有效 |
| 9 | O08 | Y1.0 | 主轴正转（主轴使能），低电平有效 |
| 21 | O09 | Y1.1 | 主轴反转（主轴使能），低电平有效 |
| 8 | O10 | Y1.2 | 主轴制动，低电平有效 |
| 20 | O11 | Y1.3 | 卡盘松，低电平有效（未用） |
| 7 | O12 | Y1.4 | 主轴一挡，低电平有效（未用） |
| 19 | O13 | Y1.5 | 主轴二挡，低电平有效（未用） |
| 6 | O14 | Y1.6 | 未定义 |
| 18 | O15 | Y1.7 | 未定义 |
| 5 | 空 | | |
| 17 | ESTOP3 | | 急停回路驱动 KA 继电器，控制动力电源的输出端子（参见图 6-9） |
| 4 | ESTOPl | | 急停回路与超程回路的串联的接入端子（参见图 6-9） |
| 16 | OTBS2 | | 超程限位开关的接入端子（参见图 6-9） |
| 3 | OTPSl | | 超程限位开关的接入端子（参见图 6-9） |
| 1，2，14，15 | 24 VG | | 外部直流 24 V 电源地 |

PMC 手持的定义（车床 XS8）如表 6-7 所示。

表 6-7　PMC 手持的定义（车床 XS8）

| 引脚号 | 信号名 | 标号 | 定　义 |
| --- | --- | --- | --- |
| 13 | 5 VG | | 手摇脉冲发生器+5 V 电源地 |
| 25 | +5 V | | 手摇脉冲发生器+5 V 电源 |
| 12 | HB | | 手摇脉冲发生器 B 相 |
| 24 | HA | | 手摇脉冲发生器 A 相 |
| 11 | O28 | Y3.4 | 未定义 |
| 23 | O29 | Y3.5 | 未定义 |
| 10 | O30 | Y3.6 | 手持单元工作指示灯，低电平有效 |
| 22 | O31 | Y3.7 | 未定义 |
| 9 | I32 | X4.0 | 手持单元坐标选择输入 *X* 轴，常开点，闭合有效 |
| 21 | I33 | X4.1 | 手持单元坐标选择输入 *Y* 轴，常开点，闭合有效 |
| 8 | I34 | X4.2 | 手持单元坐标选择输入 *Z* 轴，常开点，闭合有效 |
| 20 | I35 | X4.3 | 手持单元坐标选择输入 *A* 轴，常开点，闭合有效 |
| 7 | I36 | X4.4 | 手持单元增量倍率输入 X1，常开点，闭合有效 |
| 19 | I37 | X4.5 | 手持单元增量倍率输入 X10，常开点，闭合有效 |
| 6 | I38 | X4.6 | 手持单元增量倍率输入 X100，常开点，闭合有效 |
| 18 | I39 | X4.7 | 手持单元使能柏人，常开点，闭合有效 |
| 5 | 空 | | |
| 17 | ESTOP3 | | 手持单元急停按钮串接到急停回路的端子 |
| 4 | ESTOP2 | | 手持单元急停按钮串接到急停回路的端子 |
| 3,16 | +24 V | | 为手持单元的输入输出开关量供电的 DC 24 V 电源 |
| 1,2,14,15 | 24 VG | | 为手持单元的输入输出开关量供电的 DC 24 V 电源地 |

PMC 手持的定义（铣床 XS8）如表 6-8 所示。

表 6-8　PMC 手持的定义（铣床 XS8）

| 引脚号 | 信号名 | 标号 | 定　义 |
| --- | --- | --- | --- |
| 13 | 5 VG | | 手摇脉冲发生器+5 V 电源地 |
| 25 | +5 V | | 手摇脉冲发生器+5 V 电源 |
| 12 | HB | | 手摇脉冲发生器 B 相 |
| 24 | HA | | 手摇脉冲发生器 A 相 |
| 11 | O28 | Y3.4 | 未定义 |
| 23 | O29 | Y3.5 | 未定义 |
| 10 | 030 | Y3.6 | 手持单元工作指示灯，低电平有效 |
| 22 | 031 | Y3.7 | 未定义 |
| 9 | 132 | X4.0 | 手持单元坐标选择输入 *X* 轴，常开点，闭合有效 |
| 21 | 133 | X4.1 | 手持单元坐标选择输入 *Y* 轴，常开点，闭合有效 |

续表

| 引脚号 | 信号名 | 标号 | 定　义 |
| --- | --- | --- | --- |
| 8 | 134 | X4.2 | 手持单元坐标选择输入 *Z* 轴，常开点，闭合有效 |
| 20 | 135 | X4.3 | 手持单元坐标选择输入 *A* 轴，常开点，闭合有效 |
| 7 | 136 | X4.4 | 手持单元增量倍率输入 Xl，常开点，闭合有效 |
| 19 | 137 | X4.5 | 手持单元增量倍率输入 X10，常开点，闭合有效 |
| 6 | 138 | X4.6 | 手持单元增量倍率输入 X100，常开点，闲合有效 |
| 18 | 139 | X4.7 | 手持单元使能输入，常开点，闭合有效 |
| 5 | 空 | | |
| 17 | ESTOP3 | ES3 | 手持单元急停按钮串接到急停回路的蠕子 |
| 4 | ESTOP2 | ES2 | 手持单元急停按钮串接到急停回路的跺子 |
| 3，16 | +24 V | 24 V | 为手持单元的输入输出开关量供电的 DC 24 V 电源 |
| 1，2，H，15 | 24 VG | 24G | 为手持单元的输入输出开关量供电的 DC 24 V 电源地 |

PMC 急停链的定义（铣床 XS20）如表 6-9 所示。

**表 6-9　PMC 急停链的定义（铣床 XS20）**

| 序号 | 信号名 | 信号说明 | 所在接口 | 接口脚号 | 接口说明 | 接口型号 |
| --- | --- | --- | --- | --- | --- | --- |
| 1 | ESTOP2 | 急停回路端子 | XS8 | 4 | 手持接口 | DB25（头孔座针） |
| 2 | ESTOP3 | 急停回路端子 | | 17 | | |
| | | | XS20 | 17 | 00-015 开关措输出接口 | DB25（头针座孔） |
| 3 | ESTOPl | 急停回路端子 | | 4 | | |
| 4 | OTBSl | 超程解除端子 | | 3 | | |
| 5 | OTBS2 | 超程解除端子 | | 16 | | |

PMC 急停链的定义（XS20），如图 6-9 所示。

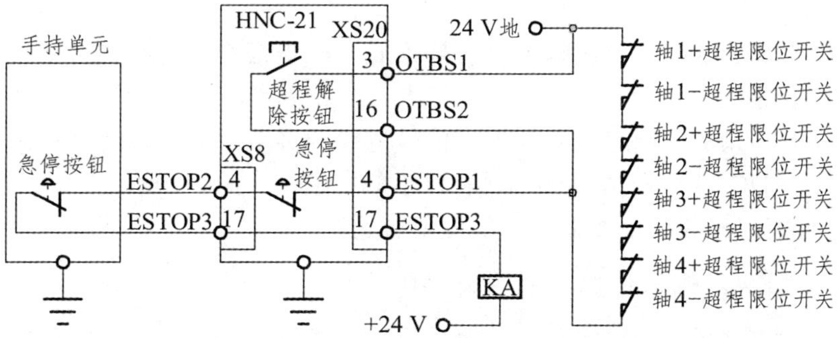


图 6-9　PMC 急停链的定义（XS20）

# 第 7 章 数控机床电气系统故障诊断

## 7.1 数控机床电气控制系统的连接与通电

### 7.1.1 数控机床电气控制系统的连接

数控机床电气控制系统的连接是一项必须十分细致的工作，若有丝毫疏忽大意，都可能会带来很多麻烦甚至埋下安全隐患。所以在数控机床电气控制系统的连接之前，必须认真分析阅读电气原理图，熟悉连接过程中的注意事项，掌握正确的连接步骤。

**1. 数控机床电气控制系统的连接注意事项**

（1）仔细阅读电气原理图，熟悉电气控制系统的组成部分。

（2）检查产品型号及元器件的型号、规格、数量等与图样是否相符。

（3）检查元器件是否完好。

（4）元件组装顺序应从板前看，由上到下、由左到右。

（5）动力线各项线的颜色应分开，控制线的颜色（交直流分开、高低压分开）、接地线的颜色要专用的黄/绿色，接地端子的标示要明显。

（6）所有连接导线中间不应有接头。每个电器元件的一个接线点最多允许接两根线，且连接必须可靠。

（7）在接线过程中表示套管的标识数字或符号应该朝向电气柜门，以便调试检修时能快速查找。

（8）确保接线端子紧固，接线端子螺钉拧紧后，检查是否用较小的力就可将导线拉脱，若是，应重新拧紧螺钉。

（9）信号线最好只从一侧进入电气柜，信号电缆的屏蔽层双端接地。控制电缆最好使用屏蔽电缆。不要使 DC 24 V 和 AC 220 V 信号电缆共用同一条电缆槽。

（10）柜子与柜门间的线束要捆扎，长度要合适。

**2. 数控机床电气控制系统连接的一般步骤**

数控机床电气控制系统的接线顺序一般采取先主电路后控制电路的顺序，主要步骤如下。

（1）主电源回路的连接，包括伺服驱动系统、主轴变频系统、步进驱动系统的强电电源的接线，在接线过程中，要注意区分电源的输入和输出端，千万不能将线接反，**否则将会损坏设备！**

（2）控制回路的连接。根据电气控制原理图，连接系统中的继电器输入/输出开关量的控制线。

（3）数控系统和手摇脉冲发生器的连接。

（4）数控系统和步进驱动器/伺服驱动器控制线的连接。

（5）数控系统和主轴控制线的连接。

（6）刀架电动机的连接，包括刀架电动机的电源线及刀位信号的控制线。

（7）工作台上超程控制信号线、反馈线、急停控制回路等的连接。

（8）风扇等其他部件的连接。

**3. 数控机床电气控制系统的线路检查**

在连完所有的接线后，必须对机床电气控制系统所有的接线进行检查，对照电气原理图，检查连接线路是否有接错、短路等现象。检查线路的主要工具是万用表，由强到弱沿着线路走向逐一进行排查。

1）断电检查

（1）变压器的规格和进线的方向、顺序。

（2）主轴电动机、伺服电动机的强电电缆的相序。

（3）DC 24 V 电源极性连接是否正确。

（4）步进驱动器直流电源极性连接是否正确。

（5）步进电动机相线与驱动器连接是否正确。

（6）刀架电动机正反转控制线路是否无误。

（7）各接线端子是否可靠连接。

（8）检查限位开关、断电保护热继电器的可动部分是否灵活。

（9）检查断路器、接触器、继电器等电器元件可动部分是否灵活。

（10）所有地线是否都已正确可靠地连接。

2）通电检查

做通电检查前，要尽量将电动机和传动机械部分脱离，将电气控制装置上相应的转换开关置于零位，行程开关恢复到正常位置。开动机床检查时，一定要在操作者的配合下进行，以免发生意外事故通电检查时，一般按先易后难原则，一部分一部分进行，每次检查通电的部位不要太大，范围越小，故障越明显。

检查顺序：一般应先检查控制电路，后检查主电路；先检查辅助系统，后检查主传动系统；先检查控制系统，后检查调整系统：先检查交流系统，后检查直流系统：先检查重点部位，后检查一般部位。特别是对比较复杂的机床电气设备故障进行检查时，应在检查前拟好一个检查顺序将复杂电路划分为若干单元，要耐心仔细地一个单元一个单元地检查下去，以防故障点被遗漏。

## 7.1.2　数控机床整机调试的通电试车

数控机床的通电操作可采用一次性各部分全面供电，或采用各部件分别供电，然后再做总供电试验。分别供电比较安全，但时间较长。通电后首先要观察有无报警故障，然后用手动方式陆续启动各部件。检查安全装置是否起作用，能否正常工作，能否达到额定的工作指标。

**1. 通电试车前的检查和调整**

1）输入电源电压、频率及相序的确认

（1）输入电源电压和频率的确认。我国供电制式是交流 380 V，三相；交流 220 V，单相；频率为 50 Hz。而有些国家的供电制式与我国不同。例如日本，交流三相的线电压是 220 V，单相是 100 V，频率是 60 Hz。他们出口的设备为了满足各国不同的供电情况，一般都配有电源变压器。变压器上有多个抽头供用户选择使用。电路板上设有 50/60 Hz 频率转换开关。所以，对于进口的数控设备或数控系统调整前一定要先读懂随机说明书，通电前要仔细检查输入电源电压是否正确，频率开关是否已置于 50 Hz 位置。

（2）电源电压波动范围的确认。一般数控系统允许的电压波动范围为额定值的 85%～110%，而欧美有一些系统要求更高一些。如果电源电压波动范围超过数控系统的要求，就必须配备交流稳压电源，否则将影响数控机床的精度和稳定性。

（3）输入电源电压相序的确认。目前数控机床的进给控制单元和主轴控制单元的供电电源，大都采用晶闸管控制元件，如果相序不对而接通电源，可能使进给控制单元的输入熔丝烧断。相序的检查可以采用两种方法：一种是用相序表测量，如图 7-1（a）所示，当相序接法正确时，相序表按顺时针方向旋转；否则错误，这时可将 R、S、T 中任意两条线对调下即可。第二种是用双线示波器来观察二相之间的波形。如图 7-1（b）所示，二相在相位上相差 120°。

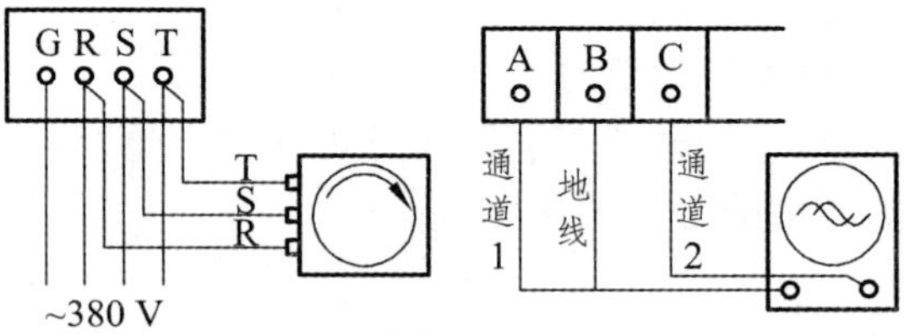


（a）相序表法

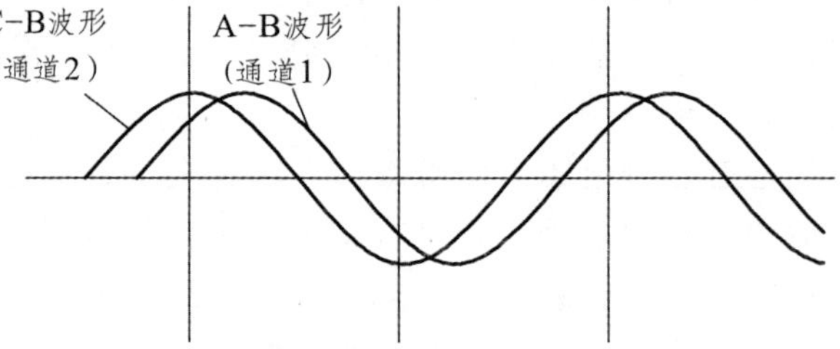


（b）示波器法

**图 7-1　相序测量**

2）电源输出端的检查、参数设定

（1）确认直流电源输出端是否对地短路，若有短路必须排除，否则会烧坏直流稳压电源。

（2）接通数控柜电源，检查各输出电压，波动太大会影响系统工作的稳定性。

（3）检查各熔断器的质量和规格是否符合要求，以保护设备安全。

（4）确认数控系统与机床的接口：现代数控系统一般都具有自诊断功能，在显示器画面上可以显示数控系统与机床接口以及数控系统内部的状态。在带有可编程控制器（PLC）时，一般根据厂家提供的梯形图说明书（内含诊断地址表），通过自诊断画面确认数控系统与机床之间的接口信号状态是否正确。

（5）参数的设定。整机购进的数控机床，出厂时一般都随机附有一份参数表。调整时必须对照参数表进行一次核对，使机床具有最佳工作性能。

一般可通过按压面板上的“参数”键来进行，如果参数不符，可以按照机床维修说明书提供的方法进行设定和修改。

通过以上步骤，数控系统调整完毕。此时可切断数控系统电源，连接电动机的动力线，恢复报警设定，准备通电试车。

**2. 机床总电压的接通通电试车**

对于大型设备，为了更加安全，应当采取分别供电。通电后观察无异常现象后，用手动方式陆续启动各部件，检查安全装置是否起作用，能否正常工作，能否达到额定的工作指标。启动液压系统时，先判断液压泵电动机的转动方向是否正确，液压泵工作后液压管路中是否形成油压，各液压元件是否正常工作，有无异常噪声，各接头有无渗漏，液压系统冷却装置能否正常工作等。总之，应根据机床说明书资料粗略检查机床主要部件功能是否正常、齐全。

在接通电源时，应同时做好按压急停按钮的准备，以便随时准备切断电源。如伺服电动机的反馈信号接反了或断线，均会出现机床“撞车”现象，这时就需要立即切断电源，检查接线是否正确。

**3. CNC 电箱通电**

（1）按 CNC 电源通电按钮，接通 CNC 电源，观察显示器，直到出现正常画面为止。如果出现 ALARM 显示，应该寻找故障并排除，此时应重新送电检查。

（2）打开 CNC 电源，根据有关资料上给出的测试端子的位置测量各级电压，有偏差的应调整到给定值，并做好记录。

（3）将状态开关置于适当的位置，如日本 FANUC 系统应放置在 MDI 状态，选择到参数页面。逐条逐位核对参数页面显示的参数是否与随机所带参数表符合。如发现有不一致的参数，应搞清各个参数的意义后再决定是否修改，如齿隙补偿的数值可能与参数表不一致，这在进行实际加工后可随时进行修改。

（4）将状态开关置于回零的位置上，完成回零操作。归零后将状态选择开关放置在 JOG 位置，将点动速度设置在低速挡，分别进行各坐标正反方向的点动操作，同时用手按与点动方向相对应的超程保护开关，验证其保护作用的可靠性，然后，再进行慢速的超程试验，验证超程撞块安装的正确性。

（5）保持状态开关置于 JOG 位置或将其置于 MDI 位置，进行手动换挡试验，验证后将主轴调速开关放在最低位置，进行各挡的主轴正反转试验，观察主轴运转的情况和速度显示的正确性，然后再逐渐升速到最高转速，观察主轴运转的稳定性。

（6）手动进行导轨润滑试验使导轨有良好的润滑后，再逐渐调整快移和进给倍率，随意点动 $X$、$Y$、$Z$ 轴，观察速度变化是否正确。

### 7.1.3 数控机床电气控制系统的日常维护

在机床能够正常运行时，要做好机床的日常维护工作，主要有以下几点。

（1）除非进行必要的调整和维修，否则不允许随意开启电柜，更不允许加工时散开柜门。

（2）注意观察电柜内粉尘堆积情况，定期清洁电柜内的粉尘，定期更换过滤网。如果机床的加工对象为铸铁或是石墨材料，机床电柜的散热不宜采用风扇加滤网的方式，这时可以考虑自行改装空调电柜。

（3）定期检查各个接线端子的连接情况，防止由于螺钉松动引起的各种故障发生。

（4）定期检查机床的接地是否变差，三相电压是否平衡。

（5）定期检查机床润滑情况、机械情况、铁屑清除情况、活动电缆防护情况，并观察冷却液是否泄漏。

（6）定期检查备份的数据是否有效。

（7）定期对程序区进行清理，将不用的程序及时删除。

（8）按说明书要求定期更换存储器用电池，确保系统能正常工作。

（9）对机床每一次停机原因进行详细的记录，必须包含以下内容：故障发生的时间、操作者、故障前情况、故障时情况、故障现象、维护者、故障的解决、是否更换硬件（更换前后相应的订货号）、周围机床的情况以及各种感觉特别的情况。

（10）经常观察机床的使用情况，及时发现并制止可能引起机床故障或安全事故的各种违章操作，及时发现机床出现的各种异常现象。

（11）在 CNC 系统长期不用、闲置的情况下，要经常给系统通电，防止潮气，保证电子元件性能的稳定。

（12）在每一次长期停机前检查机床的状况并做好数据存储工作，在每一次长期停机后的首次开机前认真检查一遍机床电柜的情况（如：是否有结露，是否有鼠害），及时处理可能出现的各种问题。

## 7.2 数控机床常见电气故障分析与排除

数控机床在使用中经常会碰到机、电、液、气、操作等各类故障。必须采用合理的方法，尽快查明原因排除故障，提高数控机床效率。

数控机床的电气故障通常分为强电故障和弱电故障。要熟练掌握关键点的测试，这是缩小故障范围重要的一个步骤。

强电部分：是指控制系统中的主回路、大功率回路中的继电器、接触器、开关、熔断器、电源变压器、电动机、电磁铁、行程开关等电气元器件及其所组成的电路。这部分的故障十分常见，必须引起足够的重视。

弱电部分：是指 CNC 装置以及 PLC、显示器、伺服单元、控制元件、检测开关、输入/输出装置等电子电路。

### 7.2.1　数控机床常见电气故障分析

#### 1. 电源故障分析

1）强电控制电路的故障分析

三相交流电引入数控机床电气柜内，总电源线（编号为 R，S，T 或 U，V，W）经总开关后分成各支路，其分支有的经保护开关和接触器控制交流异步电动机，给液压系统、冷却系统、润滑系统等提供电源；有的经过三相变压器降压供给主轴或进给伺服系统；也有许多单相使用，经降压、整流、稳压或经开关电源供给某些电子电器装置使用。

数控机床的种类很多，故障的发生是多种多样的，产生的原因也比较复杂，即使同一类型的机床因其生产厂家的不同，其控制电路、电器安装也有差异。所以在维修数控机床前，必须先要了解该数控机床的电路图、接线图和位置图及电气元件明细表，然后再对该机床的电气电路进行分析。具体步骤如下：

（1）搞清楚机床对电气控制的基本要求，分析该机床的各个运动形式是如何实现的。

（2）主电路，通常使用的电气元件有隔离开关、保护开关、空气断路器、交流接触器、熔断器、热继电器、伺服变压器、控制变压器、接线端子排等，起到分合、控制、切换、隔离、短路保护、过载保护及失压保护等作用。

（3）控制电路，数控系统发出辅助功能控制命令，经可编程序控制器，进行逻辑控制，由辅助控制系统对主电路电器进行控制；数控系统接收辅助功能控制命令，是经过操作盘进行操作的。

（4）对于不同的机床、不同的系统，维修时应根据机床与系统的实际情况，分别进行处理。对于控制较复杂的机床，必须对照机床电气原理图进行维修处理，一般不要改变机床的原操作方式与原设计功能。

2）弱电控制电路的故障分析

数控机床开关电源的种类多，输出电压的种类有+24 V、+15 V、+12 V、+5 V 等。只要有一个电压输出不正常，机床就不能正常工作。下面分析几个典型故障。

（1）没有输出电压。

DC 变换器没有输出电压，应检查变换器电线上的整流器是否已被烧毁，或滤波电容器是否烧毁。

（2）输出电压不稳定。

有输出电压，但输出电压随着负载和输入电压的变化而改变，没有稳压作用。此时最大的可能是反馈信号不正常。

（3）输入与输出电压相等。

该故障一般是由于开关失效或驱动电路故障造成电源开关锁定而引起。

#### 2. 数控装置的故障分析

数控装置部分的故障有软件故障和硬件故障。

（1）软件故障。加工程序编制出错、机床数据设置不当、系统后备电池失效、操作者操作失误、数据通信过程中电网瞬间停电等，都将会导致部分或全部数据丢失。这类故障属于软件故障。

（2）硬件故障。控制系统某元器件接触不良或损坏、无供电电源等，这种故障必须更换损坏的器件或者维修后才能排除。

### 3. PLC 控制器的故障分析

PLC 部分的故障也分为软件和硬件故障两种。

（1）软件故障。数控机床有 PLC 用户程序，用户程序编制不好，在数控机床运行时会发生一些无报警的机床故障，因此 PLC 用户程序要编制好。

（2）硬件故障。在 PLC 输入/输出模块出现问题而引起的故障属于硬件故障。有时个别输入/输出口出现故障，也可以通过修改 PLC 程序，使用备用接口替代出现故障的接口，从而排除故障。

### 4. 伺服系统的故障分析

伺服系统的故障一般都是由于伺服控制单元、伺服电动机、测速装置、编码器等出现问题引起的，要分别对各单元进行分析。

### 5. 显示器的故障分析

数控系统显示的不正常，可以分为完全无显示和显示不正常两种情况。当电源和系统的其他部分工作正常时，系统无显示的原因，一般情况下是由硬件原因引起，而显示混乱或显示不正常，一般来说是由系统软件引起的。另外，系统不同，所引起的原因也不同，这要根据实际情况进行分析。

### 6. 控制元件、检测开关的故障分析

机床常见的控制元件、检测开关有：检测开关、液压元件、气动元件、电气执行元件、机械装置等，这些常见的机床控制元件、检测开关由于接触不良引起各种故障比较多，这类故障一般稍有点维修知识就可以解决，但是检修这类故障要用万用表配合，有条件最好配备一台示波器。

## 7.2.2 数控机床常见电气故障的排除方法

### 1. 故障诊断方法

（1）故障诊断原则有：先外部后内部、先机后电、先静后动、先简后复杂等。

（2）CNC 系统的诊断有：启动诊断、在线诊断、离线诊断、通信诊断、自修复系统等。

（3）常见检修方法有：直观检查法、初始化复位法、自诊断法、功能程序测试法、元件替代法、交叉换位法、参数检查法、测量比较法、敲击法、局部升温法、原理分析法、电压法、电阻法、跨接线法、电流法等。所列这些故障的诊断方法，维修人员要根据故障的实际情况来选择，一般维修经验丰富的人会运用自如。

以上所述数控机床常见电气故障分析、故障的诊断和排除方法，不仅适合数控机床，而且适合于电气设备、通信设备、医疗设备、家用电器及电子产品。

### 2. 故障的处理方法

数控机床故障维修不是没有规律和方法可循，尤其是强电故障比较容易判断，比如：常

见主电路出故障，按下启动开关出现声音异常；常见控制电路故障，按下启动开关机床不工作也无声音。故障的处理方法如下：

（1）熟练使用万用表和示波器，示波器和万用表是维修时经常要用到的仪器。

信号测试使用示波器检查：示波器常用来观察开关电源的振荡波形；直流电源或测速发电机输出的纹波，伺服系统的超调、振荡波形；放大器的输出波形；显示器电路垂直、水平振荡和扫描波形；视放电路的视频信号，等。

凡是电路的供电方式都使用万用表检查：万用表操作方便，读数精确，功能齐全，体积小，携带方便，可测量交直流电压、电流、电阻、晶体管放大倍数、电路的通断等。搞维修的人都必须熟练掌握万用表的使用，它是检测数控机床强弱电供电情况及短路、断路等的有力武器。

（2）要熟练掌握维修设备的供电方式、信号流程和电路框图。由于电路原理图一般都比较复杂，但电路框图都比较简单，所以最起码要能看得懂电路框图，对维修设备的所有接口的作用要有所了解。

（3）要掌握关键点测试，提高维修效率。如：模块的供电电压、输入/输出接口等可视为关键测试点。

（4）做好记录。把常用设备的供电方式、信号流程做好静态和动态的测试记录，一旦设备出了故障，原有的静动态的测试记录就是依据，这样可提高维修效率。

## 7.3　数控机床常见故障检测与处理

数控机床常见故障的诊断与处理，要充分利用厂家提供的技术资料和热线电话。请教厂家技术人员，一般厂家向用户提供的资料有：数控机床电气使用说明书、电气原理图、电气互连图、结构简图、电气参数、PLC 控制程序、操作手册、编程手册、数控系统安装及维修手册、伺服驱动系统使用说明书，注意资料保存。下面以华中数控系统为例，介绍数控机床常见故障检测与处理方法。

### 7.3.1　数控机床控制系统不能正常启动

表 7-1 至 7-5 所示为数控机床控制系统不能启动的故障原因与解决措施。

#### 1. 屏幕没有显示

表 7-1　屏幕无显示的原因与解决措施

| 分类 | 原　因 | 措　施 | 参　考 |
|---|---|---|---|
| 接线 | 电源不正确 | 检查电源插座，看输入电源是否正常，应为 AC 220 V 或 DC 24 V，检查接线极性是否正确 | HNC-21 手册 2.3 节 |
| 调整 | 亮度太低或太高 | 调整背部的亮度调节旋钮 | — |
| 硬件 | HNC-2CPU 板损坏 | 与公司联系更换 | — |

2. DOS 系统不能启动

表 7-2　DOS 系统不能启动的原因与解决措施

| 分类 | 原　因 | 措　施 | 参　考 |
|---|---|---|---|
| 软件 | 文件被破坏 | 用软盘运行系统、用杀毒软件检查软件系统，重新安装软件系统 | — |
| 硬件 | 电子盘或硬盘物理损坏 | 更换电子盘或硬盘用软盘运行系统 | — |

3. 不能进入数控主菜单

表 7-3　不能进入数控主菜单的原因与解决措施

| 分类 | 原　因 | 措　施 | 参　考 |
|---|---|---|---|
| 系统软件 | 系统文件被破坏 | 用杀毒软件检查软件系统，重新安装软件系统 | — |
| 参数 | 用于控制 HSV-11 型伺服驱动器的串口参数设置错误 | 重新安排系统，先用软盘启动替换原有参数文件，在硬盘配置参数中重新设计部件的地址参数（型号 530；1 标识 49）。XS40～XS43 配置［0］依次为：0，1，2，3 | — |

4. 进入数控主菜单后黑屏

表 7-4　进入数控主菜单后黑屏的原因与解决措施

| 分类 | 原因 | 措施 | 参考 |
|---|---|---|---|
| 接线 | 电源不正确 | 检查电源插座，检查电源电压；确定电器的负载能力应该不低于 100 W | — |
| 系统软件 | 系统文件被破坏 | 用杀毒软件检查系统；重新安装系统软件 | — |
| 参数 | 用于控制 HSV-11 型伺用驱动器的串口参数设置错误 | 重新安装系统；用软盘启动，替换原有参数文件。在硬件配置参数中，重新设置部件地址参数（型号：5301；标识：49）。从 XS40～XS43 配置［0］依次为：0，1，2，3 | — |

5. 运行或操作中出现死机或重新启动现象

表 7-5　运行或操作中出现死机或重新启动的原因与解决措施

| 分类 | 原　因 | 措　施 | 参　考 |
|---|---|---|---|
| 参数 | 参数设置不当 | 重新启动后，在急停状态下检查参数，检查坐标轴参数，PMC 用户参数；作为分母的参数不应该为 | HNC-21 手册 2.3 节 |
| 操作 | 同时运行了系统以外的其他内在驻留程序；正从软盘或网络调用较大的程序；从已损坏的软盘上调用程序 | 等待中断零件程序的调用 | — |

续表

| 分类 | 原　因 | 措　施 | 参　考 |
|---|---|---|---|
| 系统软件 | 系统受破坏，DOS 系统配置文件 CONFIG.SYS 中毒，同时打开的文件数量过少 | 检查病毒，重新安装系统，设置同时打开文件数为 50 或更多；FILES = 50 | — |
| 接线 | 电源功率不够 | 检查电源插座；检查电源电压；确认电源的负载能力应该不低于 100 W | HNC21 手册 2.3 节 |

## 7.3.2　数控机床不能急停和复位

表 7-6 和表 7-7 所示为数控机床不能急停和复位的原因和解决措施。

### 1. 不能产生复位信号

表 7-6　不能产生复位信号的原因与解决措施

| 分类 | 原　因 | 措　施 | 参　考 |
|---|---|---|---|
| 硬件 | 急停回路没有闭合 | 检查超程序限位开关的常闭触点；<br>检查急停按钮的常闭触点；<br>若未装手持单元或手持单元上无急停按钮，XS8 接口中的 4、7 应短接 | HNC-21 手册 2.10 节 |
| PLC 软件 | 未向系统发送复位信息 | 检查 KA 中间继电器；检查 PLC 程序 | PLC 编程 |

### 2. 复位不能完成

表 7-7　复位不能完成的原因与解决措施

| 分类 | 原　因 | 措　施 | 参　考 |
|---|---|---|---|
| 硬件 | 松开急停按钮，PLC 中规定的系统复位所需要完成的信息未满足要求。如伺服动力电源准备好，主轴驱动准备好等信息 | 检查逻辑电路；若使用 HSV-11 型伺服一般是伺服动力电源未准备好；检查电源模块；检查电源模块接线；检查伺服动力电源空气开关 | — |
| PLC 软件 | PLC 程序编写错误 | 检查 PLC 程序 | PLC 编程 |

## 7.3.3　伺服电动机不能正常运转

检查伺服驱动系统，经常用到交换法来确认故障范围，包括：交换伺服驱动器所连接的电动机；交换伺服驱动器所使用的电缆；交换伺服驱动器所占用的 HNC-21 数控装置的控制接口。若检查、排除故障需要拆装电缆或插拔接插件，应先关断电源。参数修改后应该关闭电源 3 min 以后再重新启动。应该确保进给驱动装置或主轴驱动器的信号地与 HNC-21 数控装置的信号地可靠连接。

伺服系统的连接如图 7-2 所示。

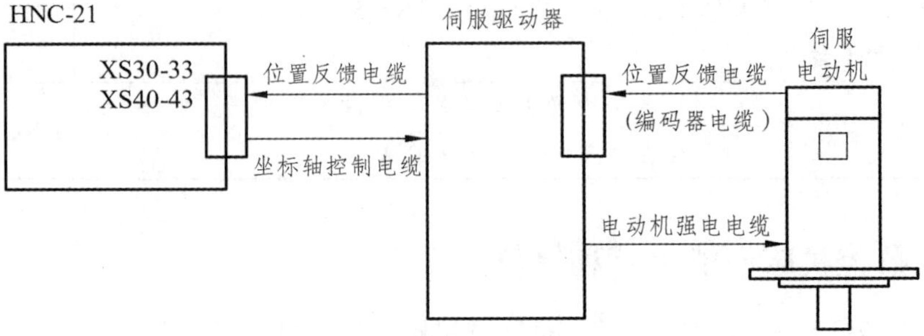


图 7-2　伺服系统连接图

表 7-8 至表 7-18 所示为伺服电动机不能正常运转的原因和解决措施。

## 1. 接通伺服驱动器动力电源立即报警

表 7-8　接通伺服驱动器动力电源立即报警的原因与解决措施

| 分类 | 原　因 | 措　施 | 参　考 |
|---|---|---|---|
| 接线 | 伺服电动机强电电缆相序错 | 检查伺服电动机相序；若是 HSV-11 型伺服驱动 1FT6 系列电动机，V、W 两相应该交换 | — |
| 接线 | 位置反馈电缆接错 | 检查位置反馈电缆 | HNC-21 手册 4.1.1 节 |
| 接线 | 位置反馈电缆与电动机强电电缆不一一对应 | 检查电动机接线 | |

## 2. 伺服电动机静止时抖动

表 7-9　伺服电动机静止时抖动的原因与解决措施

| 分类 | 原　因 | 措　施 | 参　考 |
|---|---|---|---|
| 接线 | 位置反馈电缆未接好 | 检查位置反馈电缆 | — |
| 电动机 | 电动机编码器工作不正常 | 进一步检查电动机及伺服驱动器 | — |
| 参数 | 特性参数调得太硬 | 检查伺服驱动器有关增益调节的参数，仔细调整参数；对于 HSV-11 型伺服驱动器，可以适当减小速度环比例系数和速度环积分时间常数 | HNC21 手册 3.7.3 节 |

### 3. 伺服电动机缓慢转动发生零漂

表 7-10　伺服电动机缓慢转动发生零漂的原因与解决措施

| 分类 | 原　因 | 措　施 | 参　考 |
|---|---|---|---|
| 参数 | 伺服驱动器参数错误 | 驱动器应设置为外部指令控制。检查伺服驱动器的内部控制方式参数是否与实际的一致，如脉冲接口式的驱动器应设为位置控制方式，模拟接口式的驱动器应设为速度控制方式 | 伺服驱动器与伺服电动机使用手册 |
| | 坐标轴参数设置错误 | 伺服驱动器型号参数的设置应与实际一致 | HNC21 手册 3.7.3 节 |
| 接线 | 数控装置与伺服驱动器之间的坐标轴控制电缆未接好 | 检查坐标轴控制电缆（XS30、XS31、XS32、XS33） | — |
| | 坐标轴控制电缆受干扰 | 坐标轴控制电缆屏蔽层可靠接地；坐标轴控制电缆尽量不要缠绕；坐标轴控制电缆与其他强电电缆尽量远离，且不要平行布置；模拟接口式坐标轴控制电缆应该在靠近伺服驱动器一侧并联 500～1 000 Ω 电阻和 1 000 pF 的瓷片电容 | HNC21 手册 2.9 节 |

### 4. 电动机不运转

表 7-11　电动机不运转的原因与解决措施

| 分类 | 原　因 | 措　施 | 参　考 |
|---|---|---|---|
| 接线 | 控制电缆未连通 | 检查电动机强电电缆；检查坐标轴控制电缆 | — |
| | 伺服动力电源未接通 | 检查伺服动力电源 | — |
| 参数 | 伺服驱动器的参数不正确 | 伺服驱动器的内部参数应设置为外部指令控制，即接收数控装置的控制 | — |
| | 坐标轴参数设置不正确 | 检查伺服驱动器是否正确接收到使能信号；检查数控装置中的伺服驱动器型号参数 | HNC21 手册 |
| | 硬件配置参数不正确 | 对于脉冲式伺服驱动器，数控装置的脉冲信号类型的设置（配置［0］参数）与伺服驱动器内的设置应该一致 | HNC21 手册 |
| 操作 | 机床锁住 | 按机床锁住按钮，解除机床锁住状态 | — |
| 安装 | 电动机堵转 | 检查电动机的抱闸是否打开，检查机械负载是否过大 | — |

### 5. 电动机只能运行一小段距离

表 7-12 电动机只能运行一小段距离的原因与解决措施

| 分类 | 原 因 | 措 施 | 参 考 |
|---|---|---|---|
| 接线 | 位置反馈电缆和电动机强电电缆连接不正确 | 检查电动机强电电缆与位置反馈电缆的一一对应关系；检查电动机强电电缆的相序；检查位置反馈电缆是否有断线 | — |
| 参数 | 坐标轴参数设置不正确 | 正确设置电动机每转脉冲数；对于脉冲接口式伺服，应正确设置伺服内部参数［1］和伺服内部参数［2］（伺服驱动器对数控装置输出的位置控制脉冲的倍频比）。应用 HSV-11 型伺服驱动器时，应正确设置伺服内部参数［0］（电动机磁极对数）；2（STZ），3（IFT6） | HNC21 手册 |
| 安装 | 机械负载过大 | 检查机械负载是否过大 | — |

### 6. 电动机运转时跳动

表 7-13 电动机运转时跳动的原因与解决措施

| 分类 | 原 因 | 措 施 | 参 考 |
|---|---|---|---|
| 接线 | 没有可靠接地 | 按要求对伺服系统可靠接地；每个单元或器件均应可靠接地；驱动器与数控装置的信号端应可靠共地 | HNC21 手册 2.11 节 |
| | 伺服驱动器供电不可靠 | 检查伺服动力电源控制回路的连接情况 | — |
| | 受到干扰 | 位置反馈电缆，坐标轴控制电缆应该采用屏蔽电缆且屏蔽层可靠接地；位置反馈电缆中的电源与电源地的线径应加粗；采用 2～3 根电线并接坐标轴控制电缆，位置反馈电缆太细或超过要求的长度 15 m 以内，坐标轴控制电缆、位置反馈电缆强电电缆等应分开布线；坐标轴控制电缆、位置反馈电缆尽量不要缠绕 | — |
| | 编码器电缆和电动机电源电缆连接不正确 | 检查电动机强电电缆与位置反馈电缆的一一对应关系；检查电动机强电电缆的相序；HSV-11 型伺服配置 IFT6 系列伺服电动机时，V 和 W 相要交换；检查编码器电缆是否有断线 | — |
| | 位置反馈电缆断线 | 检查维修位置反馈电缆 | — |
| 参数 | 伺服驱动器参数设置不正确 | 检查伺服驱动器参数，并用伺服内部指令，直接运行电动机，以检验参数的正确性，然后再连接到数控装置上运行 | — |

续表

| 分类 | 原　因 | 措　施 | 参　考 |
|---|---|---|---|
| 参数 | 坐标轴参数设置不正确 | 检查伺服驱动器增益调节参数，仔细调整参数；对于 HSV-11 型伺服驱动器，可以适当减小速度环比例系数和速度环积分时间常数 | — |
| | 坐标轴参数设置不正确 | 应用 HSV-11 型伺服时，应正确设置伺服内部参数［0］(电动机磁极对数)；2(SIZ)，3(1FI6) | — |
| 安装 | 机械负载不均匀 | 检查机械负载 | — |
| 电动机 | 电动机编码器损坏 | 维修或更换电动机 | — |

## 7. 电动机爬行

表 7-14　电动机爬行的原因与解决措施

| 分类 | 原　因 | 措　施 | 参　考 |
|---|---|---|---|
| 接线 | 电动机没有可靠接地 | 检查电动机强电电缆；检查坐标轴控制电缆 | HNC-21 手册 2.11 节 |
| 机械 | 负载过重 | 检查伺服强电 | — |
| 参数 | 伺服驱动器参数不正确 | 检查伺服驱动器有关增益调节的参数，仔细调整参数 | — |
| | 坐标轴参数设置不正确 | 对于 HSV-11 型伺服驱动器，可以适当增大速度环比例系数和速度环积分时间常数 | HNC-21 手册 3.7.3 节 |

## 8. 电动机定位不准确

表 7-15　电动机定位不准确的原因与解决措施

| 分类 | 原　因 | 措　施 | 参　考 |
|---|---|---|---|
| 接线 | 电动机没有可靠接地 | 检查电动机强电电缆；检查坐标轴控制电缆 | HNC-21 手册 2.11 节 |
| | 位置反馈电缆不可靠 | 采用质量好的屏蔽电缆或双绞双屏电费缆；加粗位置反馈电费中的电源线线径，如采用多根线并用电费屏蔽层可靠接地，电费两端加磁环 | HNC-21 手册 2.11 节 |
| 机械 | 机械连接不可靠 | 调整机械连接 | — |
| 电动机 | 电动机编码器损坏 | 更换电动机 | — |

## 9. 电动机轴输出扭矩很小

表 7-16　电动机轴输出扭矩很小的原因与解决措施

| 分类 | 原　因 | 措　施 | 参　考 |
|---|---|---|---|
| 接线 | 电动机没有可靠接地，受到干扰 | 检查电动机强电电源；检查位置反馈电缆；检查坐标轴控制电缆 | — |
| 电动机 | 电动机编码器工作不正常 | 更换电动机 | — |

### 10. 启动时升降轴自动下滑

表 7–17 启动时升降轴自动下滑的原因与解决措施

| 分类 | 原　因 | 措　施 | 参　考 |
|---|---|---|---|
| 机械 | 没有配重或平稳装置；配重或平稳装置失效或工作不可靠 | 增加配重或平行装置；检查配重或平稳装置 | — |
| | 升降电动机抱闸打开太早 | 检查 PLC 程序，确保接通升降电动机的驱动器的动力电源后，再打开抱闸 | — |

### 11. 轴回参考点时出错

表 7–18 轴回参考点时出错的原因与解决措施

| 分类 | 原因 | 措施 | 参考 |
|---|---|---|---|
| 操作 | 在坐标轴回参考点地自动中断 | 检查 PLC 程序中坐标轴回参考点部分的编程，若想中断回参考点，应该在回参考点定位前，用进给保持或其他 PLC 程序规定的方式中断 | — |

## 7.3.4 变频或伺服主轴运转不正常

表 7-19 至表 7-20 所示为数控机床变频或伺服主轴运转不正常的原因和解决措施。

### 1. 主轴超速或不可控

表 7–19 主轴超速或不可控的原因与解决措施

| 分类 | 原　因 | 措　施 | 参　考 |
|---|---|---|---|
| 参数 | D/A 参数未设置 | 在硬件配置参数和 PMC 系统参数中正确设置 D/A 参数 | HNC-21 手册 |
| | 主轴驱动器参数错误 | 检查主轴驱动器的参数设置；主轴驱动器应该设置成外部指令控制 | — |
| PLC 编程 | PLC 程序错误 | 检查 PLC 程序中主轴速度和 D/A 输出部分的程序 | — |
| 接线 | 速度控制信号电缆连接错误 | 确认 D/A 输出形式：若使用 10 V 输出，用 XS9 中的 6 脚 AOUT1 和 7 脚（GND）；若使用输出 0～+10 V，则用 XS9 中的 14 脚 AOUT2 和 15 脚 GND | HNC-21 手册 |
| | 干　扰 | 速度控制信号电缆应该采用屏蔽电缆，屏蔽层应接地，速度控制信号电缆的主轴驱动器一侧应并联 500～1 000 Ω 的电阻和 1 000 pF 的瓷片电容 | HNC-21 手册 |
| 硬件 | D/A 电路损坏 | 维修或更换数控装置 | — |

### 2. 加工时螺距不对

表 7-20　加工时螺距不对的原因与解决措施

| 分类 | 原　因 | 措　施 | 参　考 |
|---|---|---|---|
| 参数 | 主轴编码器每转脉冲数设置错误 | 确认主轴编码器每转脉冲数 | — |
| 机械 | 主轴编码器损坏 | 更换主轴编码器。可以用手转动主轴，观察主轴速度显示以检查编码器的好坏 | — |
| PLC 编程 | 主轴编码器联轴器损坏 | 更换或维修 | — |
| 接线 | 主轴编码器接线错误 | 检查主轴编码器反馈电缆：A 相，B 相，Z 脉冲，电源 | — |
| 硬件 | 主轴编码器的电源供电功率不够 | 确认主轴编码器所需电源功率，若高于 HNC-21 XS9 接口的输出能力，则应为主轴编码器单独提供 DC 5 V 电源 | — |

## 7.3.5　输入输出开关量工作不正常

表 7-21 至表 7-22 所示为数控机床输入输出开关量工作不正常的原因和解决措施。

### 1. 没有输入或输出信号

表 7-21　没有输入或输出信号的原因与解决措施

| 分类 | 原　因 | 措　施 | 参　考 |
|---|---|---|---|
| 参数 | 硬件配置参数错 | 正确指定开关量输入、输出部件的参数：型号——5301；标识——13（输入）或 14（输出）地址——0；配置［0］——0，1，2 | HNC-21 手册 3.7.5 节 |
| | PMC 系统参数错 | 正确指定 PMC 系统参数中的开关量输入、输出部件号和组数 | HNC-21 手册 3.7.6 节 |
| 接线 | 信号未共地 | 外部输入、输出开关量所用的 DC 24 V 电源地应该通过 XS1、XS10、XS11、XS20、XS21 与 HNC-21 数控装置的 DC 24 V 电源地（外部电源 2）共地 | HNC-21 手册 2.8 节 |

### 2. 开关量状态不稳定

表 7-22　开关量状态不稳定的原因与解决措施

| 分类 | 原　因 | 措　施 | 参　考 |
|---|---|---|---|
| 接线 | 干扰 | HNC-21 数控装置与强电柜分开时，建议输入、输出开关量分别用屏蔽电缆连接并可靠接地；所用电缆不得太细或超过要求的长度（15 m 以内）；HNC-21 数控装置应可靠接地 | HNC-21 手册 2.8 节 |

续表

| 分类 | 原　因 | 措　施 | 参　考 |
|---|---|---|---|
| 接线 | HNC-21 数控装置电源不正常 | 检查 HNC-21 数控装置电源电压；HNC-21 数控装置电源容量不低于 100 W | HNC-21 手册 2.3 节 |
| | 其他与 PLC 共用 DC 24 V 电源的器件干扰太大 | 检查该部分器件的抗干扰电路，如抱闸线圈、电磁阀等的续流二极管是否损坏 | HNC-21 手册 2.3 节 |

数控机床是企业生产中的关键设备，无论是设备的价格还是产品的价格都很昂贵，机床的使用寿命对企业来说是非常重要的。因此，机床的维修、保养、故障分析和故障后的处理工作就显得很重要。虽然数控机床种类繁多，故障千变万化，但故障分析和维修方法是基本相同的。

## 习题与思考

1. 数控机床电气控制系统的连接注意事项有哪些？
2. 数控机床电气控制系统的连接一般步骤是什么？
3. 数控机床电气控制系统的日常维护主要内容有哪些？
4. 数控机床故障诊断与维修的一般方法有哪些？

# 参考文献


［1］ 蒋建强、徐汇音.数控机床故障诊断与维修[M].北京：电子工业出版社，2012.

［2］ 孙慧平、陈子珍、翟志永.数控机床装配、调试与故障诊断[M].北京：机械工业出版社，2013.

［3］ 刘树青.数控机床故障诊断与维修 [M].北京：人民邮电出版社，2009.

［4］ 刘祖其、刘海.数控机床电气控制[M].北京：高等教育出版社，2013.

［5］ 王北平、徐良雄、陈泽宇.数控机床电气控制与联调[M].武汉：华中科技大学出版社，2012.

［6］ 廖兆荣，杨旭丽.数控机床电气控制[M].3 版.北京：高等教育出版社，2015.

［7］ 李方园，李亚峰.数控机床电气控制[M].北京：清华大学出版社，2010.

［8］ 陶有抗，等.数控机床电气控制[M].北京：中国水利水电出版社，2010.

［9］ 夏燕兰.数控机床电气控制[M].2 版.北京：机械工业出版社，2012.

# 附录　某型号数控车床实训台电气原理图

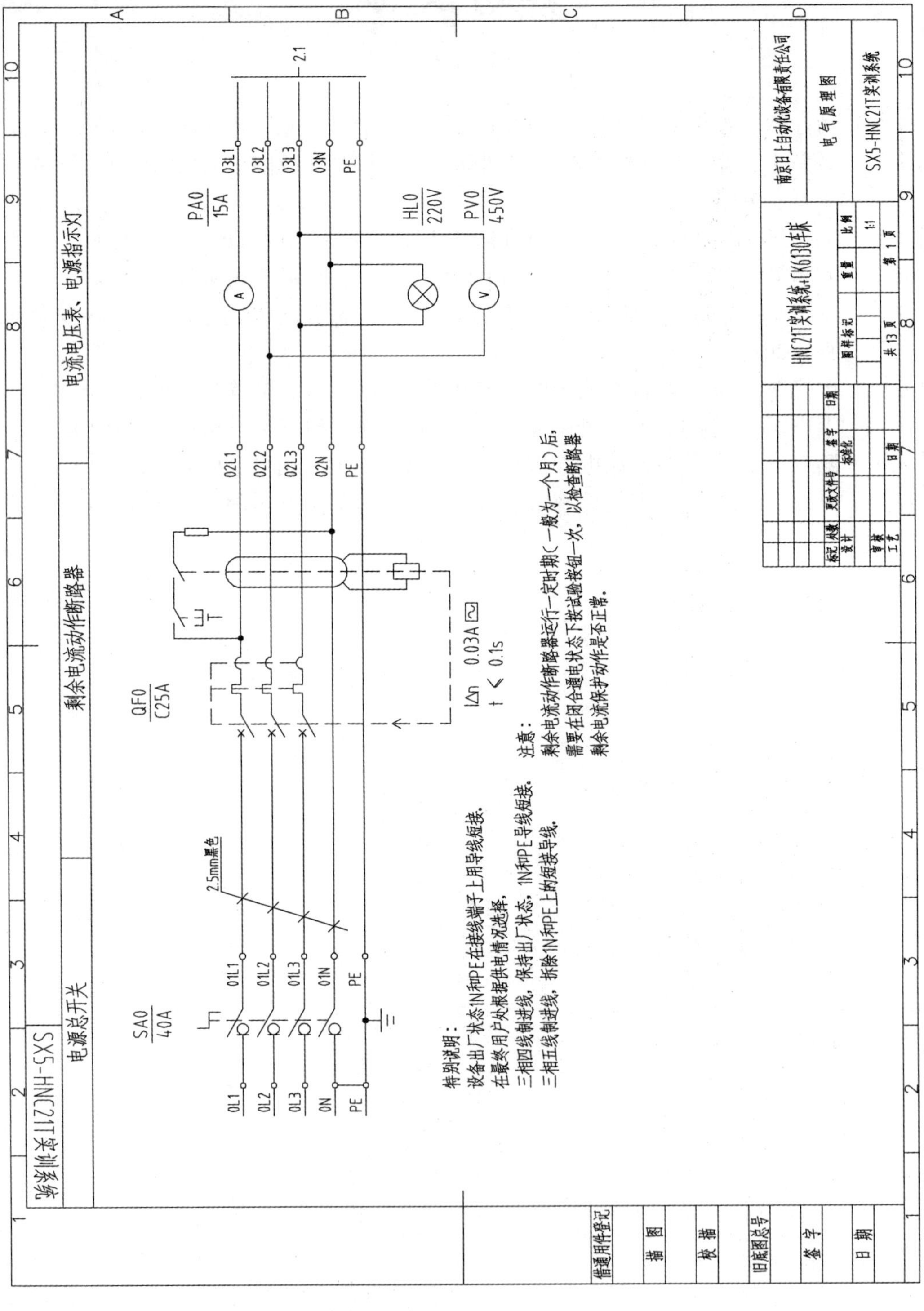

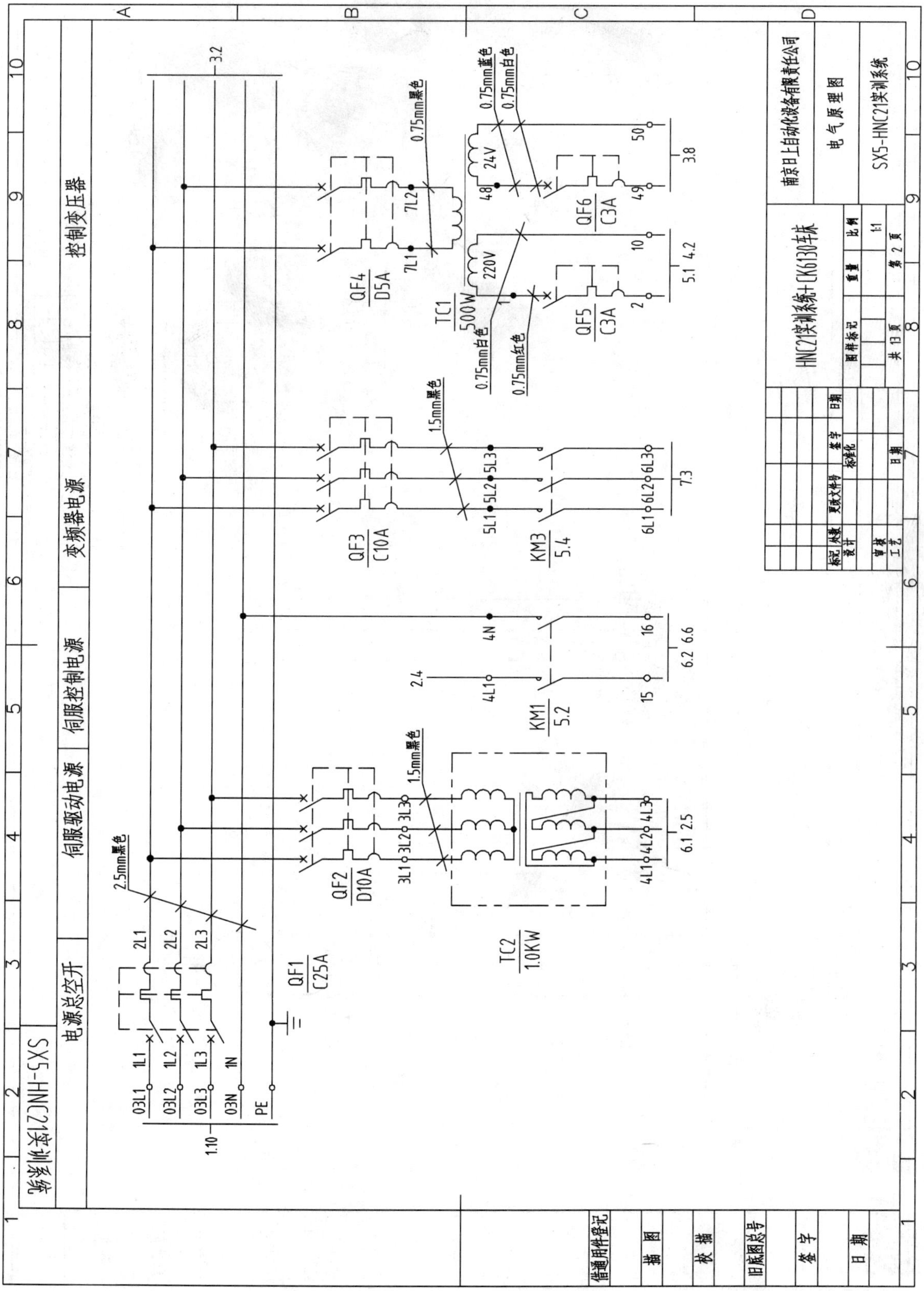
SX5-HNC21实训系统
电源总空开
伺服驱动电源
伺服控制电源
变频器电源
控制变压器
QF1 C25A
QF2 D10A
QF3 C10A
QF4 D5A
QF5 C3A
QF6 C3A
TC1 500W
TC2 1.0KW
KM1 5.2
KM3 5.4
2.5mm黑色
1.5mm黑色
0.75mm黑色
0.75mm蓝色
0.75mm白色
0.75mm红色
24V
220V
南京日上自动化设备有限责任公司
电气原理图
SX5-HNC21实训系统
HNC21实训系统+CK6130车床
借通用件登记
描图
校描
旧底图总号
签字
日期

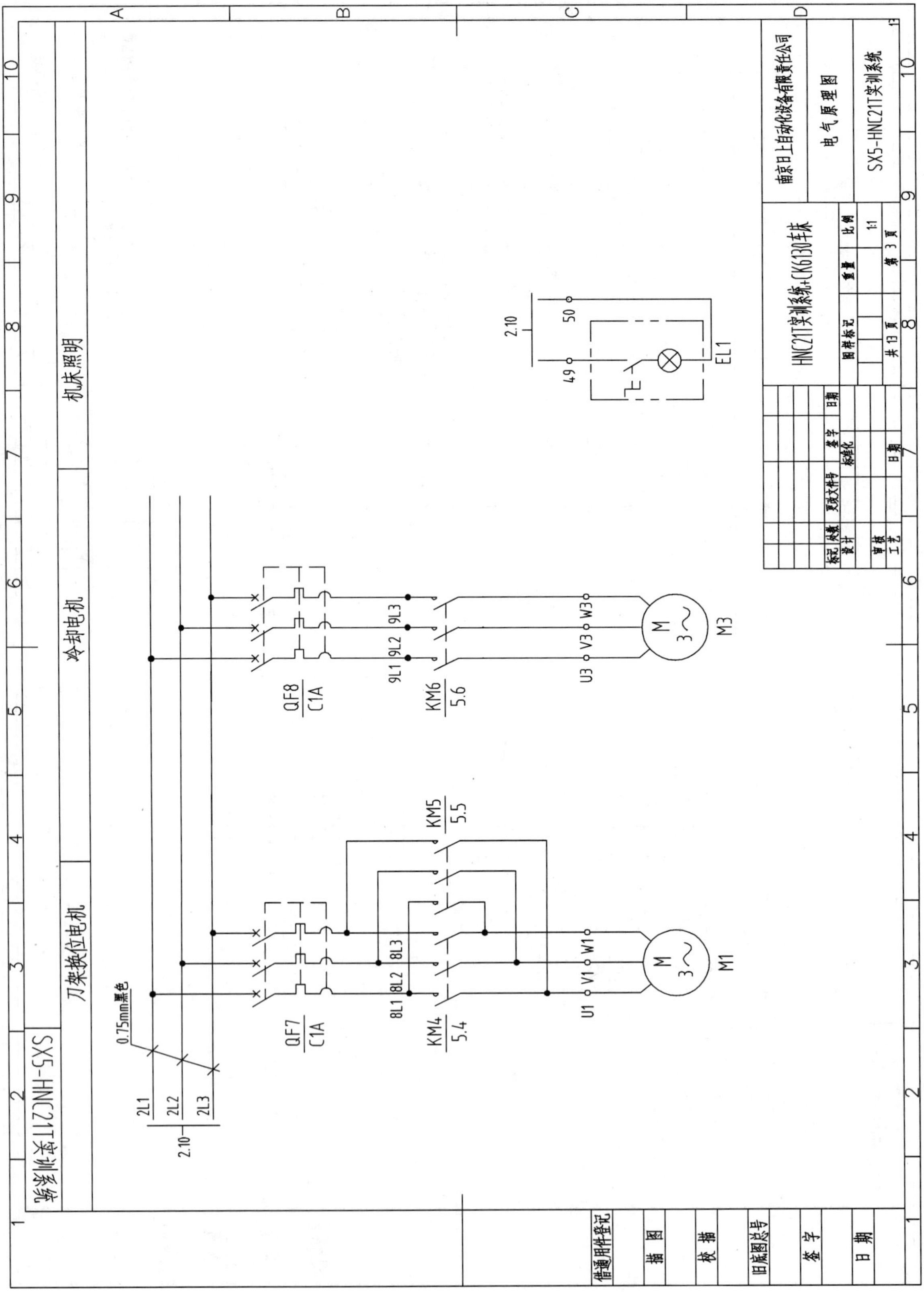
SX5-HNC21T实训系统
刀架换位电机
冷却电机
机床照明
0.75mm黑色
2L1
2L2
2L3
2.10
QF7
C1A
QF8
C1A
8L1 8L2 8L3
9L1 9L2 9L3
KM4
5.4
KM5
5.5
KM6
5.6
U1 V1 W1
U3 V3 W3
M1
M3
49
50
EL1
南京日上自动化设备有限责任公司
电气原理图
SX5-HNC21T实训系统
HNC21T实训系统+CK6130车床
比例 1:1
第 3 页
共 13 页
借通用件登记
描图
校描
旧底图总号
签字
日期

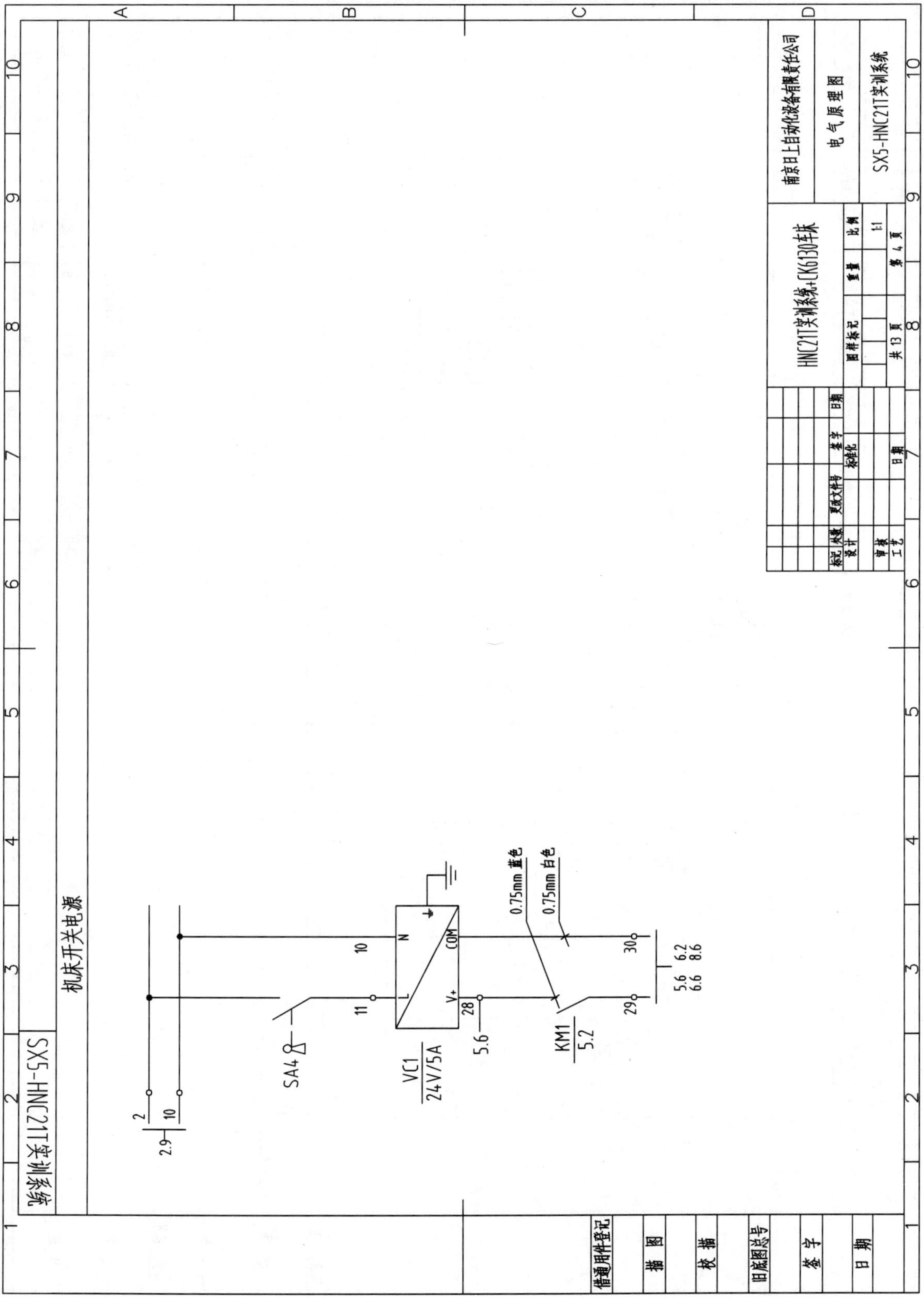
SX5-HNC21T实训系统
机床开关电源
SA4
VC1
24V/5A
KM1
5.2
0.75mm 蓝色
0.75mm 白色
南京日上自动化设备有限责任公司
电气原理图
SX5-HNC21T实训系统
HNC21T实训系统+CK6130车床
共 13 页
第 4 页
1:1
借通用件登记
描图
校描
旧底图总号
签字
日期

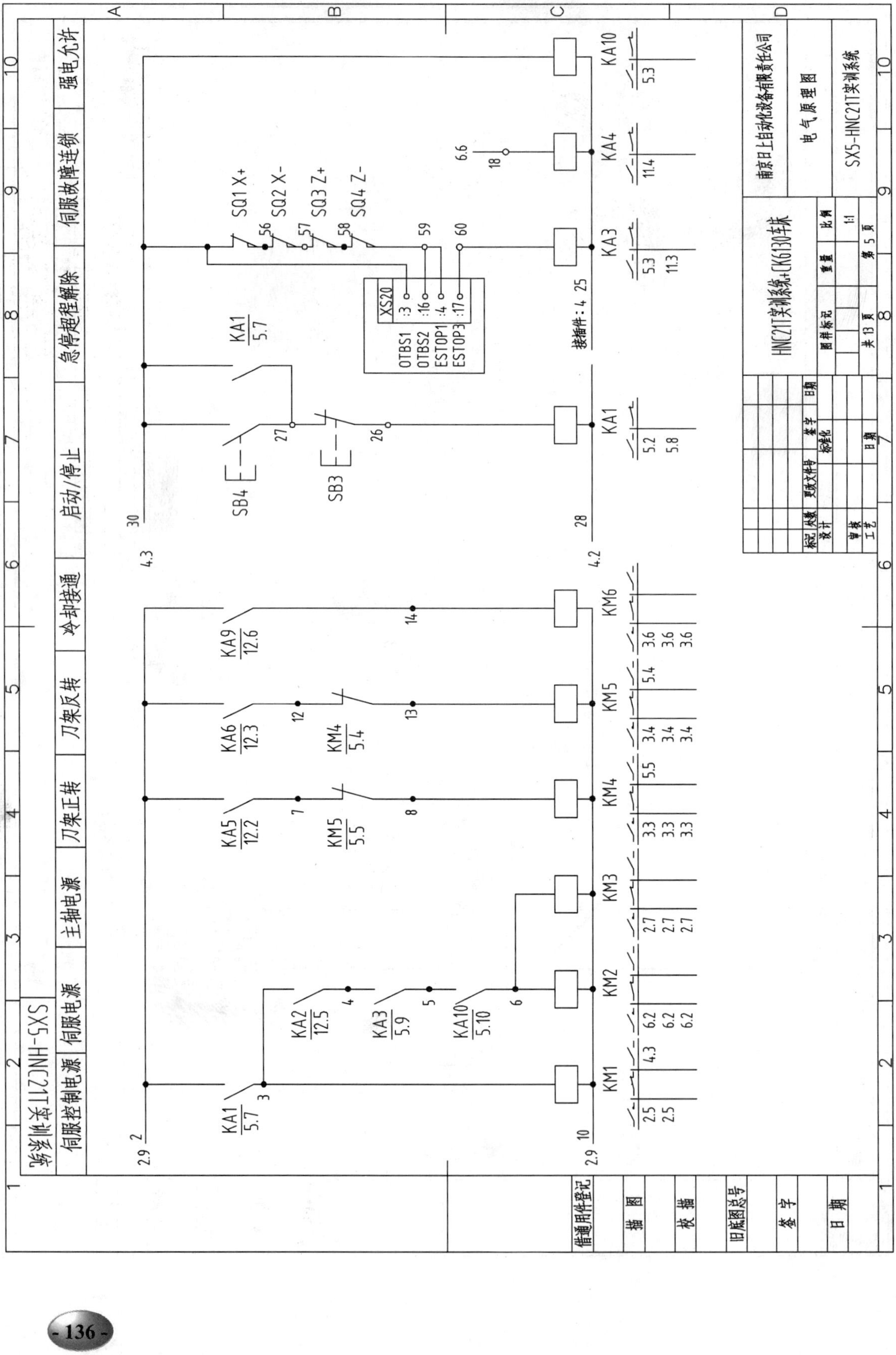
伺服控制电源
伺服电源
主轴电源
刀架正转
刀架反转
冷却接通
启动/停止
急停超程解除
伺服故障连锁
强电允许
SX5-HNC21T系统
SQ1 X+
SQ2 X-
SQ3 Z+
SQ4 Z-
XS20
OTBS1
OTBS2
ESTOP1
ESTOP3
SB3
SB4
KM1
KM2
KM3
KM4
KM5
KM6
KA1
KA3
KA4
KA10
南京日上自动化设备有限责任公司
电气原理图
SX5-HNC21T实训系统
HNC21T实训系统+CK6130车床

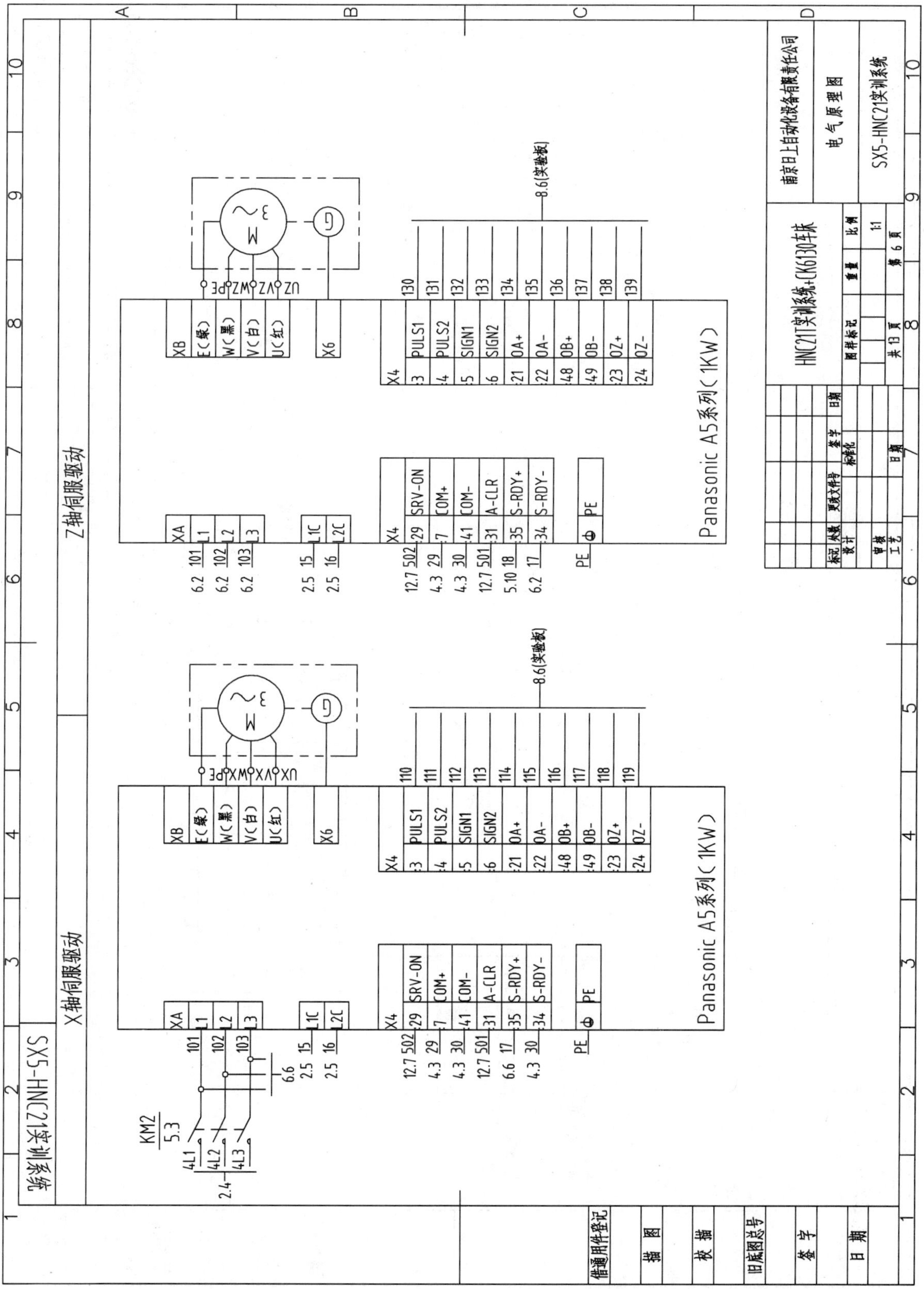
X轴伺服驱动
Z轴伺服驱动
Panasonic A5系列（1KW）
Panasonic A5系列（1KW）
SX5-HNC21实训系统
南京日上自动化设备有限责任公司
电气原理图
SX5-HNC21实训系统
HNC21T实训系统+CK6130车床

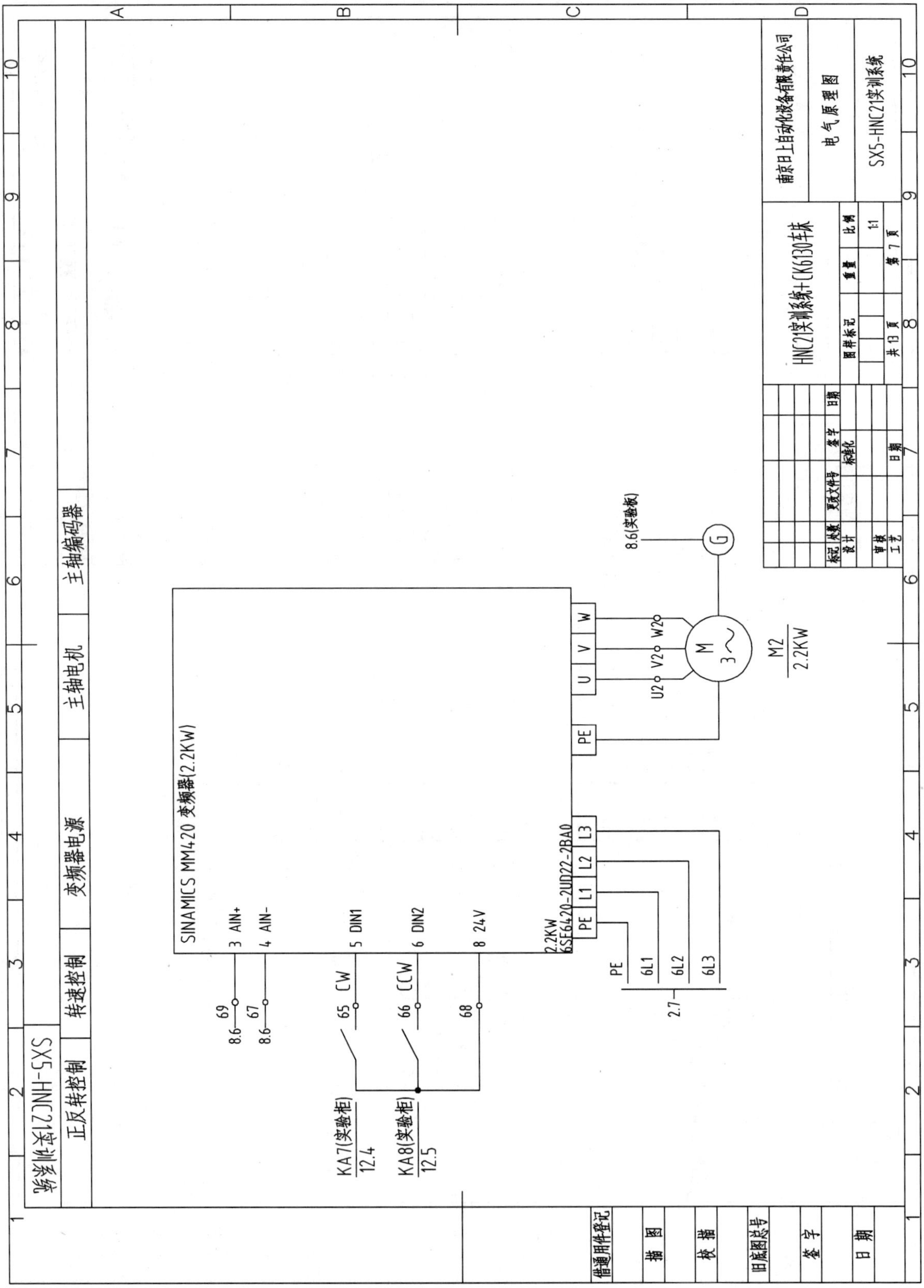
正反转控制
转速控制
变频器电源
主轴电机
主轴编码器
SINAMICS MM420 变频器(2.2KW)
2.2KW
6SE6420-2UD22-2BA0
3 AIN+
4 AIN-
5 DIN1
6 DIN2
8 24V
PE L1 L2 L3
U V W PE
U2 V2 W2
M 3~
M2
2.2KW
G
8.6(实验板)
KA7(实验柜)
12.4
KA8(实验柜)
12.5
65 CW
66 CCW
68
69
67
8.6
PE 6L1 6L2 6L3
2.7
南京日上自动化设备有限责任公司
电气原理图
SX5-HNC21实训系统
HNC21实训系统+CK6130车床
SX5-HNC21实训系统
借通用件登记
描图
校描
旧底图总号
签字
日期

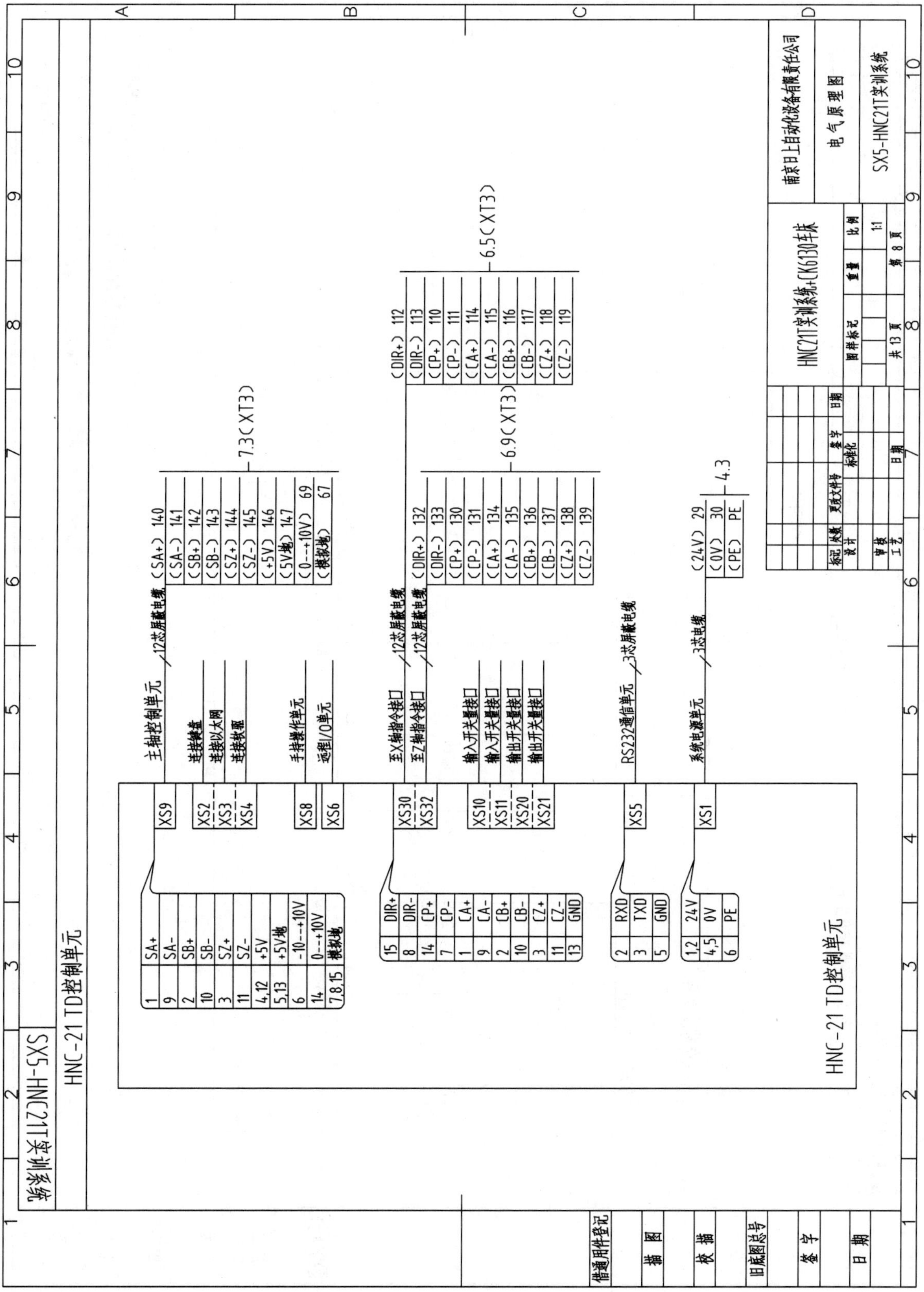
南京日上自动化设备有限责任公司
电气原理图
SX5-HNC21T实训系统
HNC21T实训系统+CK6130车床
HNC-21TD控制单元
SX5-HNC21T实训系统
主轴控制单元
连接键盘
连接以太网
连接软驱
手持操作单元
远程I/O单元
至X轴指令接口
至Z轴指令接口
输入开关量接口
输出开关量接口
RS232通信单元
系统电源单元
12芯屏蔽电缆
3芯屏蔽电缆
3芯电缆
XS9
XS2
XS3
XS4
XS8
XS6
XS30
XS32
XS10
XS11
XS20
XS21
XS5
XS1
7.3（XT3）
6.5（XT3）
6.9（XT3）
4.3
借通用件登记
描图
校描
旧底图总号
签字
日期

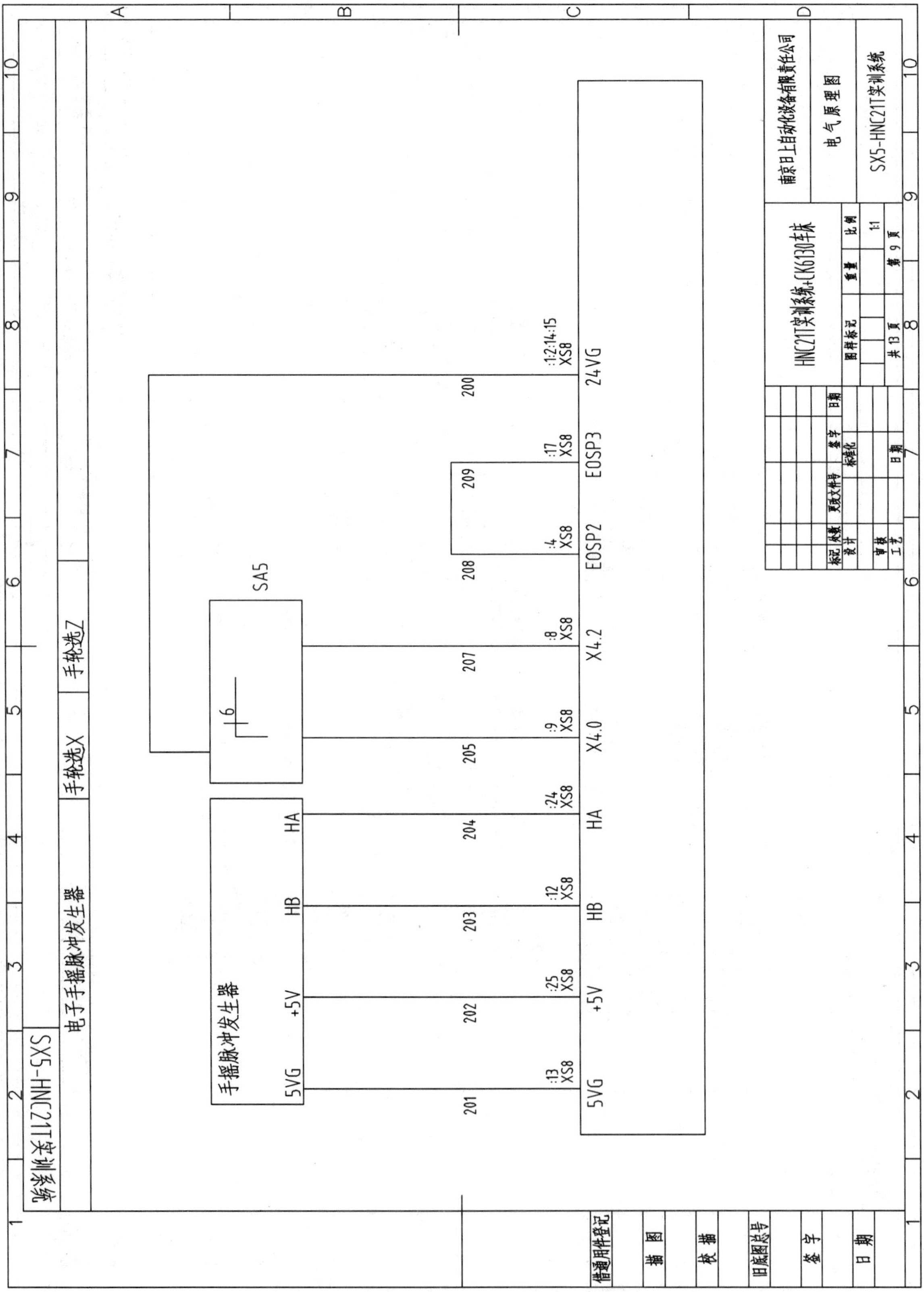
SX5-HNC21T实训系统
电子手摇脉冲发生器
手轮选X
手轮选Z
手摇脉冲发生器
5VG
+5V
HB
HA
SA5
201
202
203
204
205
207
208
209
200
XS8
5VG
+5V
HB
HA
X4.0
X4.2
EOSP2
EOSP3
24VG
南京日上自动化设备有限责任公司
电气原理图
SX5-HNC21T实训系统
HNC21T实训系统+CK6130车床
1:1
共 13 页
第 9 页
借通用件登记
描图
校描
旧底图总号
签字
日期

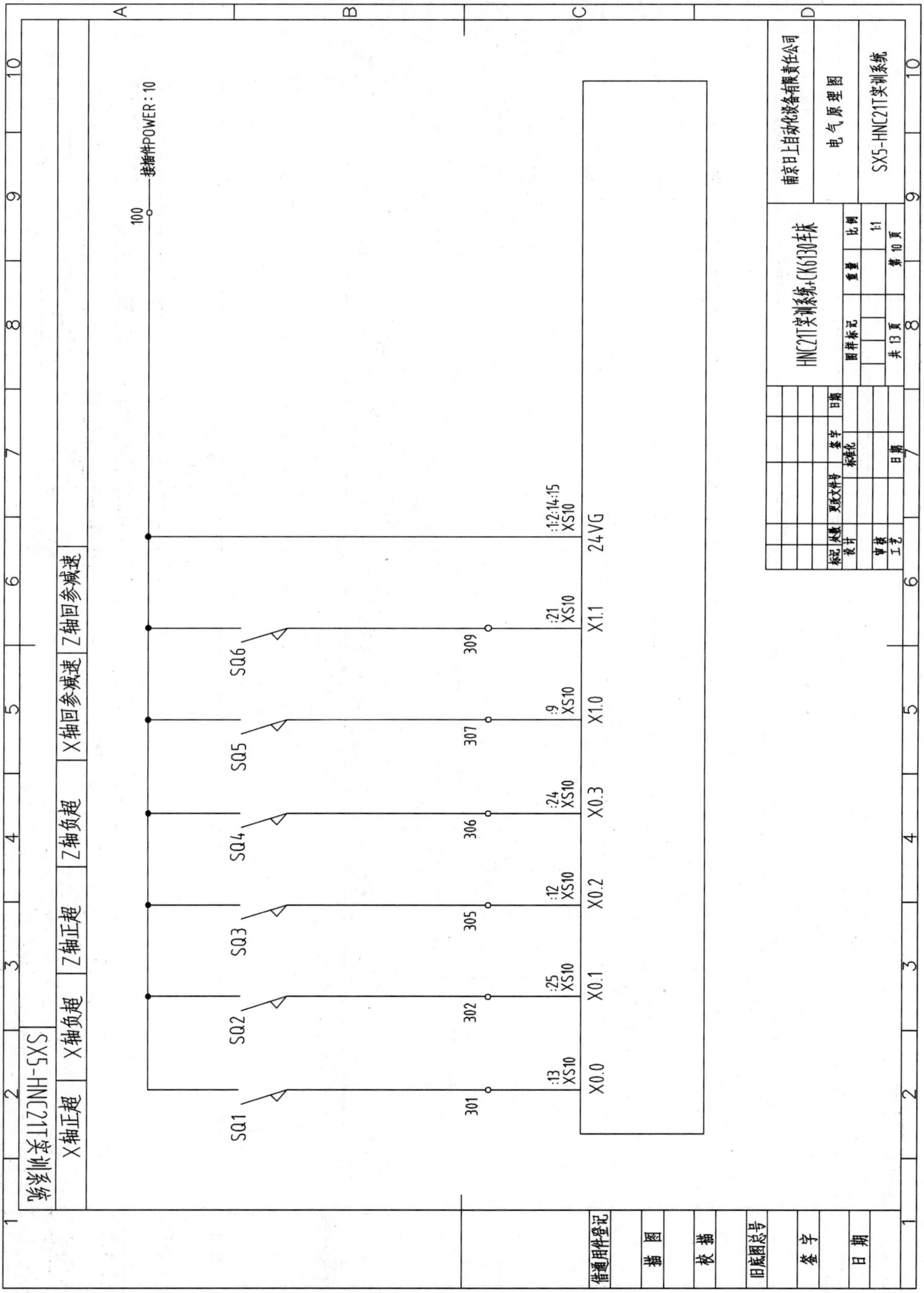
SX5-HNC21T实训系统
X轴正超
X轴负超
Z轴正超
Z轴负超
X轴回参减速
Z轴回参减速
接插件POWER:10
100
SQ1
SQ2
SQ3
SQ4
SQ5
SQ6
301
302
305
306
307
309
XS10
:13
:25
:12
:24
:9
:21
:1:2:14:15
X0.0
X0.1
X0.2
X0.3
X1.0
X1.1
24VG
南京日上自动化设备有限责任公司
电气原理图
SX5-HNC21T实训系统
HNC21T实训系统+CK6130车床
比例
1:1
共 13 页
第 10 页
借通用件登记
描图
校描
旧底图总号
签字
日期

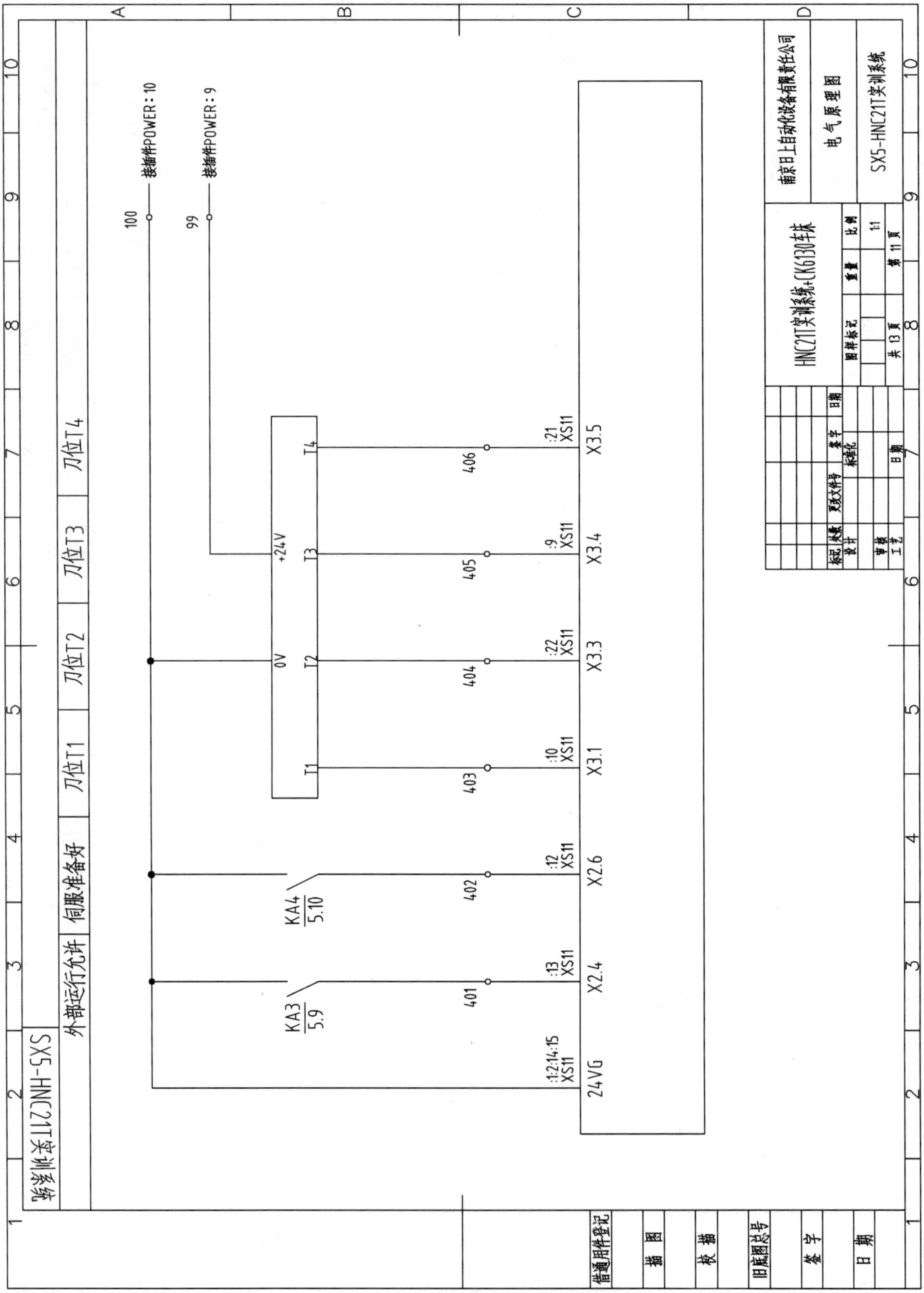
外部运行允许
伺服准备好
刀位T1
刀位T2
刀位T3
刀位T4
SX5-HNC21T实训系统
接插件POWER：10
接插件POWER：9
100
99
KA3 5.9
KA4 5.10
401
402
403
404
405
406
+24V
0V
T1
T2
T3
T4
:1:2:14:15 XS11
:13 XS11
:12 XS11
:10 XS11
:22 XS11
:9 XS11
:21 XS11
24VG
X2.4
X2.6
X3.1
X3.3
X3.4
X3.5
南京日上自动化设备有限责任公司
电气原理图
SX5-HNC21T实训系统
HNC21T实训系统+CK6130车床
图样标记
重量
比例
1:1
共 13 页
第 11 页
标记
处数
更改文件号
签字
日期
设计
标准化
审核
工艺
日期
借通用件登记
描图
校描
旧底图总号
签字
日期

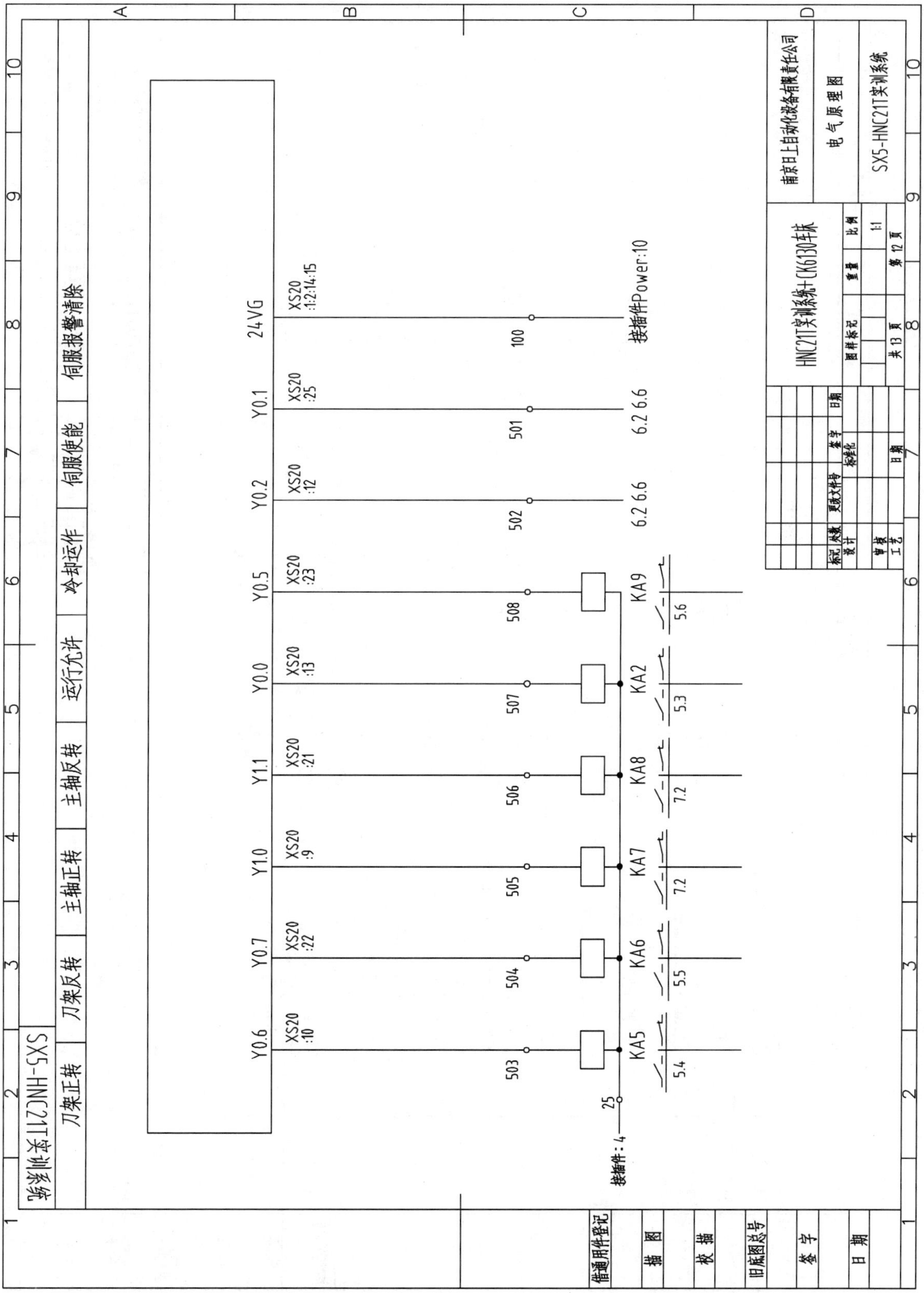
SX5-HNC21T实训系统
刀架正转
刀架反转
主轴正转
主轴反转
运行允许
冷却运作
伺服使能
伺服报警清除
Y0.6
Y0.7
Y1.0
Y1.1
Y0.0
Y0.5
Y0.2
Y0.1
24VG
XS20 :10
XS20 :22
XS20 :9
XS20 :21
XS20 :13
XS20 :23
XS20 :12
XS20 :25
XS20 :1:2:14:15
503
504
505
506
507
508
502
501
100
KA5
KA6
KA7
KA8
KA2
KA9
5.4
5.5
7.2
7.2
5.3
5.6
6.2 6.6
6.2 6.6
接插件Power:10
接插件:4
25
南京日上自动化设备有限责任公司
电气原理图
SX5-HNC21T实训系统
HNC21T实训系统+CK6130车床
借通用件登记
描图
校描
旧底图总号
签字
日期

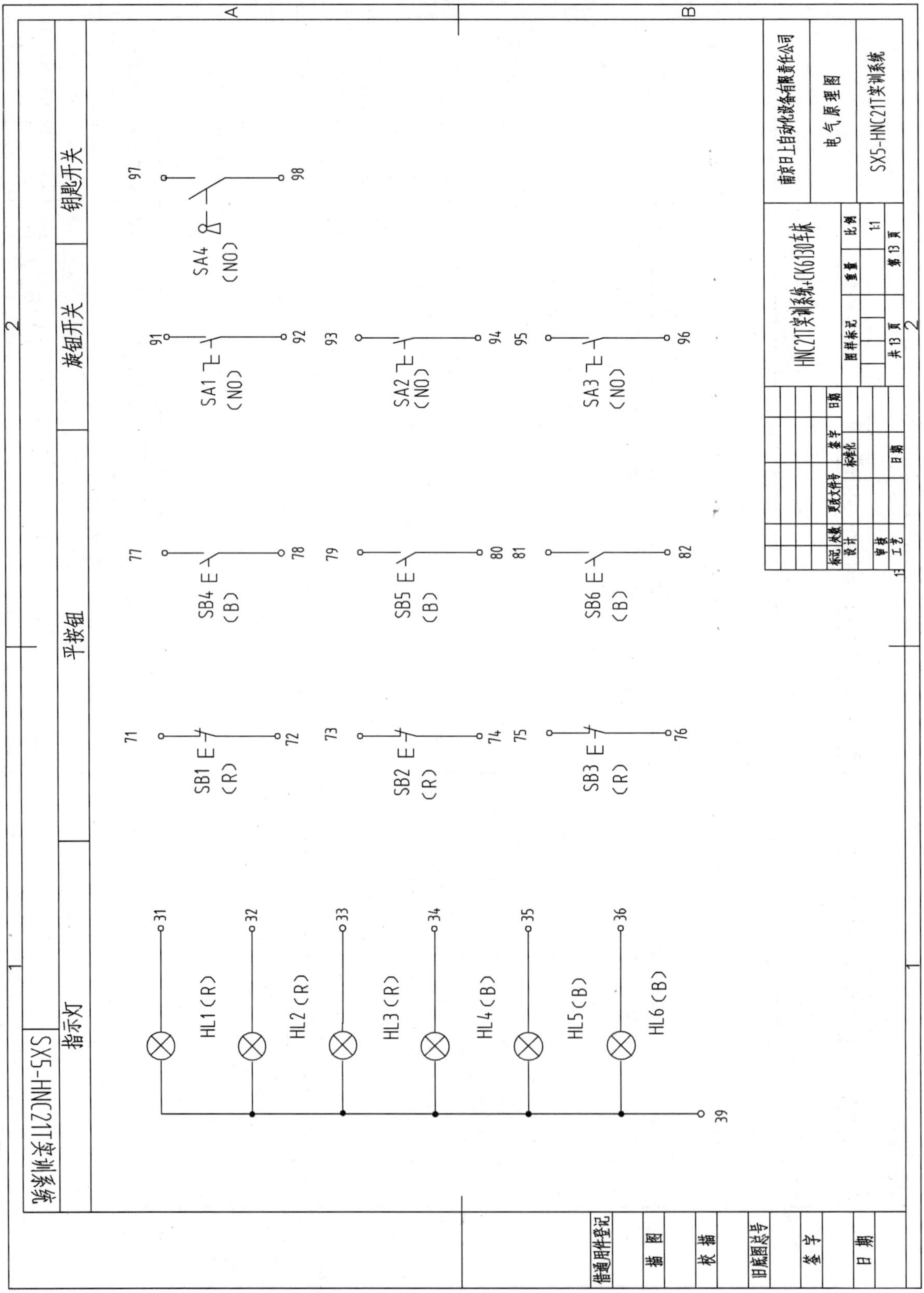
SX5-HNC21T实训系统
指示灯
平按钮
旋钮开关
钥匙开关
HL1(R) 31
HL2(R) 32
HL3(R) 33
HL4(B) 34
HL5(B) 35
HL6(B) 36
39
SB1 (R) 71 72
SB2 (R) 73 74
SB3 (R) 75 76
SB4 (B) 77 78
SB5 (B) 79 80
SB6 (B) 81 82
SA1 (NO) 91 92
SA2 (NO) 93 94
SA3 (NO) 95 96
SA4 (NO) 97 98
南京日上自动化设备有限责任公司
电气原理图
SX5-HNC21T实训系统
HNC21T实训系统+CK6130车床
比例 1:1
共13页 第13页
借通用件登记
描图
校描
旧底图总号
签字
日期